有機化学変換の IUPAC 命名法
目　次

訳者のことば

第 1 章　有機化学変換の命名法 …………………………………………………1
　前文……2
　0　あらゆる変換の命名に適用される一般則……9
　1　置換……11　　　　　2　付加……18
　3　脱離……29　　　　　4　付着および脱着の変換……36
　5　簡単な転位……39　　6　カップリングとアンカップリング……43
　7　挿入と放出……48　　8　閉環および開環……52
　9　複雑な変換……64
　付録　人名反応などの変換……72

第 2 章　反応機構の記号による表示 …………………………………………77
　前文……78
　規則……79　　　　　　　簡単な例……91
　機構以外の情報を含めるための拡張規則……106
　付録A　構造変化を示すための記述に関する補助規則……108
　付録B　酸塩基触媒を表すための補助規則……108
　付録C　動力学的に区別できるさらに小さな分類区分を表す例……109
　記号と用語の解説……115　　反応分類の一覧……115
　新しい用語の解説……116　　文献と注……117

第 3 章　反応機構の線形表示 …………………………………………………119
　前文……120
　第 1 節　基本変化の表示……121
　第 2 節　素反応の表示……137
　第 3 節　構造の表示……142
　第 4 節　その他の適用例……149
　第 5 節　記号と略号の表……151
　第 6 節　表……153
　文献……155

　索引……157

訳者のことば

　有機化合物の数は一千万をはるかに超し，それを合成するための反応も膨大な数にのぼっている。これらを整理し，研究者が情報を得やすくすることは，誰かがやらなければならない仕事であるが，そのような努力をする国際団体のひとつに国際純正応用化学連合（IUPAC）がある。IUPACの有機化学部会では，かねてから多種多様な反応の名称の統一やそれをコンピュータ・ベース化することの重要性を認め，反応（変換）の統一的名称，その記号による表示法，および反応機構の線形表示について検討を行っていた。その結果は，1989年に，相ついで「勧告」としてIUPACの機関誌 *Pure Appl. Chem.* に発表された。その文献所在は次のとおりである。

[1] Nomenclature for Organic Chemical Transformations ;
　　R. A. Y. Jones, J. F. Bunnett, *Pure Appl. Chem.*, **61**, 725 (1989).
[2] System for Symbolic Representation of Organic Mechanisms ;
　　R. D. Guthrie, *Pure Appl. Chem.*, **61**, 23 (1989).
[3] The Detailed Linear Representation of Reaction Mechanisms ;
　　J. S. Littler, *Pure Appl. Chem.*, **61**, 57 (1989).

　この文書を見てその重要性を直感された内田　章氏（当時新居浜高等工業専門学校教授）は，その翻訳に着手された。不幸にして同氏は病を得られ，志半ばにして逝去された。同氏の友人，大阪大学の村井眞二教授がこのことを知られ，できれば遺志を実現したいとの話を日本学術会議化学研究連絡委員会有機・医薬専門委員会に紹介された。私は，当時その有機・医薬専門委員会の委員長をしていたが，積極的に引き受けてみようという委員がなかったことと，「変換命名法」の最後の段階で委員として参加したことがあるという事情があってこの勧告を日本にも広める義務を感じていたという2点から，この翻訳を引き受けることにした。
　内田教授は「反応機構の記号表示」と「反応機構の線形表示」をすでに翻訳されていて，推敲をする段階であったが，この勧告は，「有機化学変換命名法」との3点でセットをなしているところから，「記号表示」と「線形表示」の推敲をすると同時に，「命名法」の勧告も改めて訳出することにした。それで，上記の3つの文献（命名・記号表示・線形表示）を，本書ではそれぞれ第1章，第2章，第3章として訳出している。訳を行ってみると，いくつか問題点も見つかったので，原著者にも手紙を出し，訂正すべきところは訂正して日本語にしたのが本書である。また，訳出に際しては，

いくつかの新造語を使わなければならなかった。この点に関しては，野村祐次郎東京大学名誉教授のご意見もお聞きしたのち，訳者の判断で使用することにした。

　本勧告の訳出は，もともと高専・大学における教育用として企画されたものであるが，研究者が論文を書いたり，教科書を書いたりするときにも使って欲しいのは当然である。近年，有機化学の論文は大部分英語で書かれているから，本書で内容を理解されたとしても論文を書くときにまた原著に当たらなければ英語がわからないというのでは，研究者にたいへんな不便をおかけすることになる。そこで，本訳書では，日本語の用語と共にカッコのなかに英語も残しておくことにしてある。

　これらの勧告は，多くの研究者に使ってもらわなければ，その意義はなくなってしまう。いくつかの書物では使われているが，まだその使われ方が十分であるというにはほど遠いのが現状である。その点で，本書が日本化学会編というかたちで出版されることになったのは，訳をしたものとしてたいへん喜ばしいことと考えている。多くの日本人研究者がこの命名・表示法を利用される日が来ることを期待する。

　すでに知られているように，IUPAC の勧告は，それですぐに規則であるというものではない。勧告が出されてから，研究者の意見を聞き，さらに使いやすいものにしてから，最終勧告が出されるのがふつうである。この勧告も例外ではない。本書が，わが国の研究者に反応（変換）名の統一の重要性を理解していただき，意見を提出していただくきっかけとなり，この勧告がさらに使いやすいものとなって，有機化学の発展に寄与できる日が来ることを期待したい。

　訳出にさいしては，R. A. Y. Jones 博士（英国 East Anglia 大学），J. S. Littler 博士（英国 Bristol 大学），R. D. Guthrie 教授（米国 Kentucky 州立大学）からこころよく疑問に答えていただき，日本語については，野村祐次郎教授からいろいろな助言をいただいた。これらの方がたに，まず，心から感謝の意を捧げたい。

　上梓にさいしては，鐘淵化学工業株式会社より出版助成を受けることができた。本訳書の意義を強く認めていただいた同社の舘糾会長（1998 年度日本化学会会長）はじめ関係各位に厚く御礼申し上げたい。また，本訳書の公刊を篤く推挙いただいた畑田耕一大阪大学名誉教授，日本化学会化合物命名法小委員会委員長の山本明夫早稲田大学教授に深く感謝の意を表したい。

1999 年 2 月

大木　道則

　上記にあるような本書の発行の意図は緩やかではあるが，研究者，学生に理解されるところとなってきた。さらに高専や大学における教育に資するために縮刷版として普及をはかることを意図して刊行したのが本書である。

　この発行についても，社団法人日本化学会および大阪大学名誉教授村井真二氏のご協力，加えて株式会社カネカから再度出版助成をいただいたことを記して感謝申し上げる。

2004 年 10 月

大木　道則

日本化学会 編

[縮刷版]
有機化学変換のIUPAC命名法
その名称および記号・線形表示

大木道則
内田　章　訳

大阪大学出版会

Nomenclature for Organic Chemical Transformations;

R. A. Y. Jones, J. F. Bunnett, *Pure Appl. Chem.*, **61**, 725 (1989).

System for Symbolic Representation of Organic Mechanisms;

R. D. Guthrie, *Pure Appl. Chem.*, **61**, 23 (1989).

The Detailed Linear Representation of Reaction Mechanisms;

J. S. Littler, *Pure Appl. Chem.*, **61**, 57 (1989).

平成10年10月26日　(社)日本化学会編集とすることを同学術情報委員会にて承認
平成7年6月6日　日本学術会議化学研究連絡委員会にて翻訳の承認

本書は，株式会社カネカの
出版助成を得て刊行された。

第1章

有機化学変換の命名法

(1988 勧告)

前　文

1　はじめに

　ここに述べる勧告は，1つの有機化合物がもう1つの有機化合物に変化するさいの変換過程の命名法に関するものである．置換反応については，すでに1954年以来体系的な名前が用いられているが[1]，その他のものについては，まだ体系的な名前が与えられていない．なかには人名反応(たとえばMichael反応)と呼ばれているものがあり，そのほかにも本質的にはまったく関係がないような名前で呼ばれるものがあるが，その表し方となると，反応式でしか表現できなかったり，かなり面倒な，いくつもの言葉を連ねて表現したりするものもある．

　なかには，体系的名称ではないが，すでに概念として確立しているものもある．水和・ラクトン化・加水分解などがその例である．このような，すでに確立している反応名を，今回の勧告によって変えようというものではない．しかし，なかには誤ってこれらの用語が用いられたり(たとえば水素化分解というべきところを単に水素化というもの)，意味が不明確である場合(たとえば，置換にも付加にも臭素化という言葉を用いる)があり，今後このような混乱を起こしかねない用語は使用しないようになることが望ましい．

　反応 (reaction) と変換 (transformation) とは区別しなければならない．1つの反応を完全に記述するためには，使用するすべての反応試剤と生成するすべての生成物をはっきりと示すか，少なくともそれらがわかるようになっていなければならない．これに対して，変換の場合には，「基質」 (substrate；この定義は後に述べる) と呼ばれるある特定の物質がどのような変化を起こすかにのみ関心がある．たとえば，ニトロ化といえば，ある基質 X—H の水素原子がニトロ基によって置き換えられ X—NO_2 になったことを意味するのであって，そのときの試剤は，HNO_3 でも，N_2O_5 でも，$NO_2^+BF_4^-$ でも，$EtONO_2$ でもかまわないのである．

　変換を表すには，まず左端に基質を書き，ついで変化を意味する矢印を書く．矢印の右側には，変換によって生成する生成物のみを書く．たとえば

$C_6H_6 \longrightarrow C_6H_5-NO_2$

次に示す記述法は反応を表しており，変換のさいには使わないことにする．

$C_6H_6 + NO_2^+ \longrightarrow C_6H_5-NO_2 + H^+$

　この章では，反応種について情報が必要な場合には，矢印の上に，カッコで括ってその式を示すことにする．

$C_6H_6 \xrightarrow{(NO_2^+)} C_6H_5-NO_2$

2　変換の分類

　この勧告をつくっているさいに，いくつかの変換の種類を決めておくことが必要であることがわ

かった。ここでは，決めた種類とその定義について，簡潔に述べておく[2]。

付着（attachment）	基質が，1個の原子上で，共有結合をつくって，もう1つの分子種にくっつく変化。このさいその基質からは，原子や原子団が失われることはないものとする。
脱着（detachment）	2原子間の単結合または多重結合が切れて，基質が1つの原子（原子団）を失う変化。このさい，基質は，その他の原子または原子団を取り入れないものとする。
置換（substitution）	1価の置換基が，1価の原子または原子団によって置換されるとき，1価置換という。多価置換では，多重結合でつながれた原子または原子団や，2個以上の原子や原子団が，多重結合をした原子や原子団または2個以上の原子や原子団によって置き換わる。
付加（addition）	この反応では，複数の原子または原子団の対が，不飽和基質中の2つの原子に結合するか，カルベンやニトレンのような単一の不飽和原子に結合する。1つの化学種が，1つの基質内の（共有結合で直接結び付いていない）別々の原子に共有結合で付着することも付加と呼ばれることがあるが，この勧告では，そのような変化は付着であって，付加ではない。
脱離（elimination）	2個以上の原子または原子団が，ある基質の異なる位置から離れて不飽和結合をつくったり不飽和系を拡張したりする反応や，1か所から同様の反応が起こって，カルベンやニトレンなどの分子種をつくる反応をいう。ときには，1つの基質の中の1つの共有結合が切れて2つの部分に別れることを脱離ということがあるが，これはこの勧告によれば脱着であって，脱離ではない。
単純転位 （simple rearrangement）	ある基がその結合位置を変える変化。その他の基が結合位置を変えるか変えないかを問わない。
挿入（insertion）	2価の原子または基が，共有結合をした2個の原子間に挿入され，それら2個の原子が，挿入を受けた原子あるいは原子団に結合した生成物を与える変化。
放出（extrusion）	2個の原子または原子団が，その間に介在していた原子または原子団を失うと同時に，それら自身の間に直接結合をつくる変化。

　これらは，比較的簡単に定義できる分類であるが，化学的には決して複雑ではないが，名称を付けようとすると困難が起こる変化がある。これらのなかには，開環(ring-opening)および閉環(ring-closure)の変換が含まれる。二つの同じ基が結合したり離れたりすると同時にその他の原子や原子団も付いたり離れたりするカップリング（coupling）およびアンカップリング（uncoupling）もその例である。

　さらに，化学的に複雑で体系的な命名が非常に困難な場合や，やっても意味のないような変化もある。そのような複雑な変換を，非体系的ではあるが，注意深く定義した名称を用いて，表にして示している。

3　基質 (substrate) の定義

　ある反応に2種以上の化学種が関係しているときでも，どれを基質にするか，つまり主要物質はどれで，それに対して反応を仕掛けている試薬はどれかが明らかな場合も多い。しかし，なかにはそれほど明らかでないものもある。たとえば，アニリンと塩化ベンゾイルが反応して N-フェニルベンズアミドが生成する場合を考えると，どちらの物質も，基質と見ることができる。この1つの反応には，はっきりとした2種の変換が含まれていると見ることができる。塩化ベンゾイルの塩素原子をアニリノ基によって置き換える変化と，アニリンの水素原子をベンゾイル基によって置き換える変化がそれである。この勧告では，これら2つの変化に対して，別々の名称を用意しているが，反応全体にどのような命名をするか勧告するものではない。どの変換を取り上げて命名するかは，どの物質を基質とするかと同義であるが，それはそのときの文意によって決まる。

　ある変化の名前は，その基質の性質とは無関係であるというのが，この勧告の基本的原理である。すなわち，X—H の結合が X—NO_2 の結合に置き換わる変化は，どの場合でもニトロ化である。

4　名称に必要な性質

　変換の命名には2つの目的があるが，これらはかなり性質が異なるものである。1つは，情報の索引をつくり検索を容易にしようというものであり，もう1つは，口述や記述の名称を統一して，理解を容易にしようというものである。これら2つの目的に合わせようとすると，かなり違った観点からの要求を受け入れなければならないことになる。

　索引のためには，名前はただ1つではっきりとしたものでなくてはならない。名前が簡単であるということは常に望ましいことではあるが，索引の目的だけからすれば短くなければならない必然性はなく，また文字や数字の間に記号を入れることも可能である。また，句読点をつけてある種の情報を特定することも可能である。

　口述に用いる名称は，比較的短くて，耳触りのよいものである必要がある。そして，耳で聞いてはっきりとわかる特徴を備えている必要がある。そして，英語のみでなく，そのほか科学の研究が盛んな国の言葉に簡単に置き換えられることも望ましい。理想的には，ある特定の変換の名称は正確でなければならないが，決定的なあいまいさが起こらない限り，上述の条件をかなえるために少々の正確さを犠牲にすることは許されることである。したがって，発音するのが困難な語句や耳が聞き分けられない名称は，口述のときには避けなければならない。もし，変換の名称がこのようなものになってしまったら，口頭での発表ではほとんど役に立たないことになってしまう。紙の上に記述する場合もよく似ており，同じような要件を満たす必要がある。

　どちらの目的にせよ，1つの変換に対応する特定の名称が必要であり，同じような変換をまとめて記述するさいの一般名も必要である。すなわち，アルコキシ基がハロゲン原子を置換する変化を表す名称も必要であるが，エトキシ基が臭素原子を置換するという特定の変化に対する名称も必要である。この章は，これら両方のケースに対して勧告を行うものである。

　本勧告で命名を行うと，非常に複雑になってしまって，"口述/記述" 用とされている名称さえ，視覚資材が用意されない限り，ほとんど役に立たないといった例があることはすでに認識されている（規則8.5.3の例2参照）。このような問題は，体系的な名称をつけようとするといつでも起こる

5　変換位置の指示

　変換を命名するに当たっては，基質内で変化を起こす相対的位置を示す必要があることが多い。反応位置を示すのによく用いられる方法は，ギリシア文字またはアラビア数字を用いるものであるが，これらを用いて相対的位置を示すと特別の場合にはあいまいさが残ってしまう。たとえば，アントラセンの9位と10位に起こる1,4付加の話をするときには混乱が起こる可能性があり，β-ブロモスチレンのβ-位にα, α脱離が起こるというのも混乱の元になるであろう。そのため本勧告では，相対位置を示すためにアラビア数字のあとにスラッシュ (/) をつけて示すことにする。すなわち，1,4-ジブロモ-付加と書く代わりに1/4/ジブロモ-付加と書くことにする。口述では，スラッシュは発音しない。

　非公式の口述や記述では，ある特定の基質について述べるとき，一般的な位置番号でなくその基質に特有の位置番号を使いたいということもあろう。たとえば，2,4-ヘキサジエンに対する1/4/ジブロモ-付加という代わりに"2,5-ジブロモ-付加"というといった類である。しかし，このような用法は，すでに述べた変換の名称は基質によらないという原理に反するので，公式の場合には使用すべきでない。

　基質の反応位置の元素の種類は，イタリックの元素記号で，(カルボニル基への) O, C-ジヒドロ-付加のように表す。炭素原子でのみ起こる変換では，元素記号を省略する。相対位置の数字と元素記号がどちらも使われているときは，記号はスラッシュの後ろにつける。たとえば，(アゾキシ化合物への) 1/O, 3/N-ジヒドロ-付加となる。

6　機構に関する情報

　変換の命名は，反応機構の表示とはまったく別ものである。同じ1つの変換について，はっきりと違った機構で起こっていることが実験的に知られている例もあり，そのような可能性が高いと考えられる例や，どのような機構で起こっているかはなお議論のあるところといった例や，機構が時とともに変わっていくものもある。本勧告によって行われる変換の命名は，反応機構に関する情報は含んでいない。たとえば，ベンゼンをニトロベンゼンに変換するにあたって，H^+をNO_2^+で置換する，H・をNO_2・で置換する，あるいはH^-をNO_2^-で置換することさえ考えることができよう。このどれをとっても，変換は同じである。もし，反応機構を示しておきたいという希望があるなら，カッコの中に適当な形容詞や語句を加えてそれを示すことも可能である，たとえばニトロ化(ニトロイルイオン経由)で示す，このような拡張は本勧告の公式部分ではない(規則1.1の例10および11参照)。同様に，変換に伴う立体化学の観点も変換命名とは別問題である。しかし，たとえば(syn)ジブロモ-付加のようにカッコ内に情報を入れて示すことができる (規則2.1.1の例4と5を参照)。

　しかし，変換の命名に当たって，ある種の機構に関する情報は入れる必要がある。すなわち，どの結合が切れたり生成したりするかという情報である。たとえば，ベンゾニトリルを水和してベンズアミドにする変化を命名するには，シアノ基をカルバモイル基に置換したと見ることもできるけれども，そのように命名すると何のことだかわからなくなってしまう。ある変換に対して与えられ

る名称は，そこで起こる結合の変化に関する知識と一致したものでなくてはならない．

　ときには，まったく違った方法で同じ結果が得られるという場合がある．安息香酸アリルを安息香酸プロピルに変換する方法として，オレフィン結合に（H_2 で）ジヒドロ-付加するものと，（1-プロパノールで）プロポキシ-de-アリルオキシ化する方法とがある．これら2つの過程を同じ名前にするのは，役に立つというよりは害を及ぼしているというべきであろう．

　反応の条件をほんの少し変えるだけで，結合順変化の型をすっかり変えてしまうことがある．フタル酸水素 1-メチル-2-ブテニルを薄いアルカリ溶液で加水分解するとアルキルと酸素との結合が切れるが，濃いアルカリ溶液で加水分解するとアシルと酸素との結合が切れるというのは，そのような例である．このような場合には，異なる過程で起こる変化を異なる名称で呼ぶこともできるが，それらの過程を区別することが重要でなかったり，実際上できなかったりするときには，どちらかの名称を理由をつけて使用することも可能である．

7　分子種や基の名称

　ある基質に1つの変換が起こる場合でも，その基質への付着，その基質からの脱着などが複数起こる場合がある．変換過程によっては，ある分子種の酸化状態をはっきりと指定しなければ正確な記述ができないこともある．たとえば，ベンゼンに NO_2^+ が付着して Wheland の中間体陽イオンが生成する過程は，$NO_2\cdot$ が付着して $C_6H_6NO_2\cdot$ が生成するものとは違った変換である．したがって，異なる酸化状態（NO_2^+ ニトロイル，$NO_2\cdot$ 二酸化窒素，NO_2^- ニトリト）には異なる名称を用いる必要がある．これに対して第6節「反応機構に関する情報」で述べたように，変換（置換・付加・脱離）のなかには，原理的には，異なる酸化状態でも同じ変換を起こすことができるものもある．これらの変換を命名するには，できればその反応に関係する酸化状態を特定しない分子種の名前（たとえばニトロ）を記載して，ある特別の反応機構を意味することのないように気をつける必要がある．そのような場合，その分子種は"基（group）"と呼ばれる．表1から表4までには，これら分子種と基との例示的な名称が掲げてある．はっきりとした名称が，いつも得られるとは限らないことに注意する必要がある．

8　予備的出版

　ここに記載した勧告のうち，1価の置換・付加・脱離が関係する変換については，その予備的なものが 1981 年に出版されている[3]．

第1章 有機化学変換の命名法

表1 特定の酸化状態の分子種および不特定の酸化状態の基の代表例[*1]

X	陽イオン(X^+)	ラジカル($R\cdot$)	陰イオン(X^-)	基($X-$)
H	ヒドロン	水素[*2]	ヒドリド	ヒドロ
CH_3	メチリウム	メチル	メタニド	メチル
C_6H_5	フェニリウム	フェニル	ベンゼニド	フェニル
CN		シアニル[*3]	シアニド	シアノ(-CN) イソシアノ(-NC)
CH_3CO	アセチリウムまたはエタノイリウム	アセチルまたはエタノイル	1-オキソエタニド	アセチルまたはエタノイル
HOCO	カルボキシリウム	カルボキシル	カルボキシリド	カルボキシ
CH_3CO_2	アセトキシリウムまたはエタノイルオキシリウム	アセトキシルまたはエタノイルオキシル	アセタトまたはエタノアト	アセトキシまたはエタノイルオキシ
H_2N	アミニリウム	アミニル	アミド	アミノ
C_6H_5NH	フェニルアミニリウム	フェニルアミニル	フェニルアミド	フェニルアミノまたはアニリノ
H_2N-NH	ジアゼニウム	ヒドラジニルまたはヒドラジル	ヒドラジニドまたはヒドラジドまたはジアザニド	ヒドラジノ
N_3		アジジル	アジド(1-)	アジド
NO	ニトロソリウムまたはニトロソニウム	一酸化窒素	オキソニトラト(1-)またはオキソ窒素酸(1-)	ニトロソ
NO_2	ニトロイルまたはニトリル	ニトリル	ニトリトまたはジオキソ窒素酸(1-)	ニトロ(-NO_2) ニトリトまたはニトロソオキシ (-O-NO)
HO	ヒドロキシリウム	ヒドロキシル	ヒドロキシド	ヒドロキシ
CH_3O	メトキシリウム	メトキシル	メトキシド	メトキシ
OCN			シアナト	シアナト(-CNO) イソシアナト(-NCO)
F	フッ素(1+)	フッ素[*2]	フルオリド	フルオロ
HS	スルファニリウム	スルファニル	スルファニド	スルファニルまたはメルカプト
CH_3S	メチルスルファニリウム	メチルスルファニル	メチルスルファニド	メチルチオまたはメチルスルファニル
CH_3SO_2	メタンスルフィニルオキシリウム	メタンスルホニル	メタンスルフィナト	メチルスルホニル
$HOSO_2$	ヒドロキシスルホニリウム	ヒドロキシスルホニル	亜硫酸水素(1-)	スルホ
$ClSO_2$	クロロスルホニリウム	クロロスルホニル	クロロスルフィト	クロロスルホニル
CH_3SO_3	メタンスルホニルオキシリウム	メタンスルホニルオキシ	メタンスルホナト	メチルスルホニルオキシ

[*1] ここに用いる名称は，現在IUPAC無機化学命名法委員会および有機化学命名法委員会で検討されている勧告案に基づくものが多い。
[*2] 厳密にいえば，これらは一水素，一フッ素というべきであるが，通常はここに示した簡単な形で十分である。
[*3] 変換の名称をつけるに当たって，ある分子種が，ある1つだけの共鳴限界構造式で存在しているとしたほうが望ましいことがある。たとえば，シアニルラジカルが基質と窒素原子で結合するときは，イソシアニルの名称を用いる方がよい(規則4.1.1およびその下にある例8および10参照)。

表2 酸化状態を特定しない荷電種および特定の酸化状態をもつ
関連種の代表例

$-CH_2-$	メタニジル		
$-CO_2^-$	カルボキシラト	CO_2	二酸化炭素
$-NH^-$	アミジル		
$-O^-$	オキシド	O_2^-	二酸化物(1-)イオン(ジオキシド)
$-O_2^-$	ペルオキシド	O_2	二酸素
$-PO_3^{2-}$	ホスホナト		
$-NH_3^+$	アンモニオ	NH_3	アンモニア
$-N_2^+$	ジアゾニオ	N_2	二窒素
$-OH_2^+$	オキソニオ	H_2O	水

表3 多価基および1価の結合が複数か所で起こり得る基ならびに
それらに関連した特定の酸化状態をもつ化学種

$=CH_2$	メチリデン	$=CHCH_3$	エチリデン
$=NH$	イミノ	$=NOH$	ヒドロキシイミノ
$=N_2$	ジアゾ	$\equiv N$	ニトリロ
$=O$	オキソ	$=S$	チオキソ
$-CH_2-$	メチレンまたはメタンジイル	$-CH<$	メタントリイル
$>CH-CH_3$	エタン-1,1-ジイル	$-CH_2CH_2-$	エチレン
$-NH-$	アザンジイルまたはイミノ		
$-O-O-$	ペルオキシまたはジオキシダンジイル	$-S-$	スルファンジイルまたはチオ
CH_2	メチレンまたはカルベン	CR_2	カルベン(一般名)
NH	アミニレンまたはニトレン	NR	ニトレン(一般名)
O_2	二酸素	S	硫黄

表4 ケイ素およびリンを含む基の代表例

$-SiMe_3$	トリメチルシリル	$-O-SiMe_3$	トリメチルシリルオキシまたはトリメチルシロキシ
$-SiMe_2-$	ジメチルシランジイル	$-SiH_2OSiH_2-$	ジシロキサン-1, 3-ジイル
$-PH_2$	ホスファニルまたはホスフィノ	$-PH_4$	λ^5-ホスファニルまたはホスホラニル
$-P(O)Me_2$	ジメチルホスフィノイル	$-O-PMe_2$	ジメチルホスファニルオキシ
$-P(O)(OH)_2$	ホスホノ	$-PO_3^{2-}$	ホスホナト

0　あらゆる変換の命名に適用される一般則

0.1　名称の構築

　一般に変換名は，ある基質に付着もしくは脱着する基名や，ある一点からもう1つの点へ移動する基名を並べ，位置番号やその変換中に起こる基本変化（この定義は文献2に与えられている）の性質に関する情報や変換の種類を利用して，ある基質を生成物に変える変化を示そうというものである。

0.1.1　付着・脱着・転位などを行う基が複数ある場合には，それらの基をコンマでつなぐ。その名称の主成分，すなわち基名・位置を示す番号・その他の情報を伝える言葉や接頭辞や接尾辞などのまとまりはハイフンでつなぐ。例外としては次のようなものがある。アラビア数字のあとにスラッシュをつけたときにはハイフンやコンマを省略する（規則0.3）。簡単な口述・記述のさいに使う名称では，ハイフンは使わなくてよい。しかし，それを除くことによってあいまいさが生ずるときは，ハイフンを除くべきではない。

0.1.2　複雑な基名や化学種名は，大カッコに囲んではっきりさせることができる。

0.1.3　ある変換において，基質に対して，基や化学種が離れて行くものもあれば付着するものもあるという場合には，付着するものの名称をまず記述し，ついで-de-の記号をつけ，そのあとに脱離するものの名称を書く。

0.2　優先性

　変換の中味に複数の基または化学種が関係している場合には，それを記述する順序は2つのことを考えて決める。第一は，価数（valence）の小さいものから大きいものの順に並べる（ここでいう価数とは，その基もしくは化学種が分子の他の部分とつくる共有結合の数である）。第二は，価数が同じときには，Cahn-Ingold-Prelog の序列規則[4] が1価の基に対して与える順序によって，優先性の低いものを先に書く。2価の基名や化学種名も，同じ規則を元にして記述の順序を決める。

　例：1　ヒドロキシ（-OH）はオキソ（=O）より先に書く。
　　　2　カルボキシ（-COOH）はフルオロ（F）より先に書く。
　　　3　1-フルオロエチル（-CHFCH$_3$）は1-クロロエチル（-CHClCH$_3$）よりも先に書く。
　　　4　ヒドロキシメチル（-CH$_2$OH）はホルミル（-CHO）より先に書く。
　　　5　ホルミル（-CHO）はジメトキシメチル〔-CH(OCH$_3$)$_2$〕より先に書く。
　　　6　フェニルイミノ（=NPh）はオキソ（=O）より先に書く。

0.2.1　基名や化学種名が一般名で書かれるときは，その順序は，一般名が示すなかで最低の優先性をもつものによって決める。

　例：1　一般名ハロゲンの優先性はフッ素の優先性で決まる。
　　　2　一般名アルコキシの優先性はメトキシの優先性で決まる。

0.3 位置の指示

基質内の2か所以上で結合の変化が起こるときには，基質内の原子の相対的位置はアラビア数字のあとにスラッシュをつけて示す。このさい，最も重要な位置を1/とし，その他の原子に，順に番号をつける。とくに別の規則がない限り，最重要な位置は次の点を順に考慮して決める。

(a) 脱着が起こる位置を，付着が起こる位置に優先することとし，前者に1/の番号をつける。
(b) 番号をつけるさいに選択の余地があるときは，変換名の最初に来る番号ができるだけ若くなるように番号を選ぶ。
(c) さらに選択の余地があれば，最初に位置番号が異なる点で，原子番号の大きい原子の位置番号が若くなるように番号を付ける。

例： 1．基準(a) アリル置換（規則1.4）では，離脱する基の位置を1/とする。
  2．基準(b) $EtCH=CHCN$ の完全水素化（規則2.2.2.4の例1）では，1/の番号はNにつける。それで，水素化の起こる位置番号は1/1/2/2/3/4となる。もしオレフィン炭素が最重要点となると，その順序は1/2/3/3/4/4となってしまう。しかし，$EtC≡CCH=NH$ の完全水素化では，アセチレン炭素が1/となり，窒素は4/となる。
  3．基準(c) $CH_2=C=O$ の完全水素化では（CH_3-CH_2-OH が生成），1/の番号をもらうのは酸素原子であって，メチレン炭素ではない。

口述・記述の名称のなかには，反応位置をはっきりさせなくてもよいことがある。このような特別の場合については，以下に述べる規則の中で，実例で示してある。

0.3.1 反応基質の反応点の1つ以上がヘテロ原子の場合には，すべての反応点をイタリックの元素記号で示す。特別に他の規則がない場合には，これらの記号は次の順序で記述する。

(a) もし結合変化が1個の原子にのみ起こる場合には，その元素記号は反応名の最初につける。
(b) もし結合変化が，その基質の2つの点の結合生成であったり結合切断であったりする場合には，その結合の両端にある原子の記号を名称の最初につける。挿入あるいは放出，環の生成や開裂がこの種の反応の例である。
(c) この例以外の場合には，反応位置を示す数字のあとにスラッシュをつけた後ろに，元素記号をつけて示す。

口述・記述の名称では，もしあいまいさが残らなければ，元素記号 C はつけなくてもよいことにする。簡単な変換で，文意上その性質が明らかな場合にも，すべての元素記号を省略して差し支えない。そのような例は，次の規則の中でとくに引用されることになっている。

0.4 索引をつくるさいの名称の逆転

索引をつくるに当たっては，どのような変換でも，その変換の型を最初にもってきて，名称を逆に書いてもよい。

例：

Ph_3C^+ ⟶ Ph_3C-OH
  ヒドロキシド-付着（規則4.1）

付着，ヒドロキシド（索引のための逆転）

1 置 換

1.1 1価と1価の置換
この変換では，1価の原子または基が，同じ位置で，もう1つの1価の原子または基で置換される。

1.1.1 口述・記述の場合には，名前は次のような部分からなる。
 (a) 入ってくる基，
 (b) 綴字-de-（-デ-），
 (c) 離脱する基の名称，接尾辞「化」(ation)。
発音の都合上または歴史的な観点から，脱離基の名称の語尾を少し変化させることもある。

1.1.2 索引では，名称は次の部分からなる。
 (a) 入ってくる基の名称，
 (b) 綴字-de-（-デ-），離脱基名，接尾辞「-置換」(-substitution)。

口述・記述の場合と索引用の名称では，末尾の書き方に違いがある点に注意が必要である。なぜそのようにするかという理由の1つに，前文に書いた一般的な考察がある。つまり，接尾辞を「化」(ation)とすることについては1954年以来の歴史があり，索引名に「置換」(substitution)を用いることも広く行われている（規則0.4）からである。もし希望するなら，口述・記述のさいにも索引用の名称を使ってもよい。

1.1.3 水素による置換と水素の置換
天然に存在する水素や同位体存在比がはっきりしない場合には，その水素は「ヒドロ (hydro)」と呼ばれるのがふつうである。1つ例外があり，口述・記述のさいに水素が離脱する場合には「水素 (hydrogen)」と呼ぶことにする（例4, 5, 6, 7参照）。水素の同位体がはっきりしている場合には[5]，^{1}H は「プロチオ (protio)」，^{2}H は「デューテリオ (deuterio)」，^{3}H は「トリチオ (tritio)」である（例6参照）。

口述・記述では，水素が導入または離脱の基になるとき，とくに水素のことをいわないでもよいことにする。もし水素が導入基であれば，その名称は次のようになる。(a)綴字-de-，(b)離脱基の名称，(c)接尾辞「化」（例7）。水素が離脱基の場合には，その前は，導入される基の名称，および接尾辞「化」から構成されることになる（例4, 5, 6）。いずれの場合にせよ，発音の都合上，基名の最後を少し修正することもある。この使用例の場合には，「de」の前後に必要なハイフンは通常省略する。

1.1.4 基の命名
離脱基は，その基が基質の中にあるように命名する。導入基は，それが生成物の中にあるように

命名する。

例：

1
$CH_3CH_2Br \longrightarrow CH_3CH_2OCH_3$

口述・記述： 特定名：メトキシ-de-ブロモ化
一般名：アルコキシ-de-ハロゲン化
索引： 特定名：メトキシ-de-ブロモ置換
一般名：アルコキシ-de-ハロ置換

2
$Ph-N_2^+ \longrightarrow Ph-I$

口述・記述： 特定名：ヨード-de-ジアゾニオ化
一般名：ハロ-de-ジアゾニオ化
索引： 特定名：ヨード-de-ジアゾニオ-置換
一般名：ハロ-de-ジアゾニオ-置換

3
$CH_3CH_2CH_2Br \longrightarrow CH_3CH_2CH_2CH(COOEt)_2$

口述・記述：ビス(エトキシカルボニル)メチル-de-ブロモ化
索引：ビス(エトキシカルボニル)メチル-de-ブロモ-置換

4
$CH_2(COOEt)_2 \longrightarrow CH_3CH_2CH_2CH(COOEt)_2$

口述・記述： 特定名：プロピル-de-水素化またはプロピル化
一般名：アルキル-de-水素化またはアルキル化
索引： 特定名：プロピル-de-ヒドロ-置換
一般名：アルキル-de-ヒドロ-置換

5

口述・記述： 特定名：ブロモアセチル-de-水素化またはブロモアセチル化
一般名：アシル-de-水素化またはアシル化
索引： 特定名：ブロモアセチル-de-ヒドロ-置換
一般名：アシル-de-ヒドロ-置換

6
$C_6H_6 \longrightarrow C_6H_5NO_2$

口述・記述：ニトロ-de-水素化またはニトロ化
索引：ニトロ-de-ヒドロ-置換

もし水素の同位体について区別が必要なら，次の名称を用いる。

口述・記述：ニトロ-de-プロチオ化またはニトロ-de-デューテリオ化または
　　　　　　ニトロ-de-トリチオ化
索引：ニトロ-de-プロチオ-置換またはニトロ-de-デューテリオ-置換または
　　　ニトロ-de-トリチオ-置換

7

口述・記述：ヒドロ-de-スルホン化または de-スルホン化
　　索引：ヒドロ-de-スルホ-置換

8

Ph−NH−CO−CH₃ ⟶ Ph−N(CO−CH₃)(NO)

口述・記述：N-ニトロソ-de-水素化または N-ニトロソ化
　　索引：N-ニトロソ-de-ヒドロ-置換

9a

9b

どちらの例も同じ変換である．すなわち
　　口述・記述：アミノ-de-クロロ化
　　　　索引：アミノ-de-クロロ-置換

しかし，口述や記述で用いるさいに2つの過程の違いをはっきりさせたいこともあるであろう（「前文」第5節参照）．そのような場合には次のようにもいえる．

9a　　　　　　　　　　　　　　2-アミノ-de-クロロ化
　　2,4-ジクロロニトロベンゼンの
9b　　　　　　　　　　　　　　4-アミノ-de-クロロ化

10

(R)-2-ブロモブタン ⟶ (S)-2-(エチルチオ)ブタン

この変換はエチルチオ-de-ブロモ化(口述・記述)またはエチルチオ-de-ブロモ-置換(索引)である。どちらも，その後に"立体配置の反転"をつけてもよい。

11

PhI $\xrightarrow{((EtO)_2PO^-Na^+)}$ Ph–PO(OEt)$_2$

この変換はジエトキシホスフィノイル-de-ヨード化(口述・記述)またはジエトキシホスフィノイル-de-ヨード-置換(索引)である。化学者によっては，反応の機構についてさらに情報や意見を付け加えたいと思うかもしれない。そのときは，(たぶん $S_{RN}1$ 機構による)光誘起ジエトキシホスフィノイル-de-ヨード化ともいえる。

1.2 多価・多価の置換

この変換は，多価の原子または基どうしが同一位置で起こす置換，あるいは複数の原子や基が同一位置で起こすものである。たとえば，次のような一般例がある。

R=X ⟶ R=Y   R=X ⟶ R⟨Y/Z   R⟨W/X ⟶ R=Y

R≡X ⟶ R≡Y   R≡X ⟶ R⟨Y/Z   R⟨W/X ⟶ R⟨Y/Z

このような変換における"多重度(multiplicity)"とは，ある基質からの結合が形式上形成されたり切断されたりする数だといえる。この規則は機構的には単一でない変換(たとえば，ニトリルをカルボン酸に加水分解)も含んでいることになる。

規則1.2.2に述べた使用法を除いて，2個以上の位置において同時に起こる置換は，それぞれ別の反応と考え，独立に命名する。

1.2.1 口述・記述にも索引にも，同じ命名を行う。名称は，(a)導入される基の名称，(b)綴字-de-(デ)，(c)離脱する基の名称，(d)ハイフンと置換の多重性を示す語，すなわち「-二(-bi)」，「-三(-ter)」，「-四(-quater)」など，(d)「置換」の接尾辞よりなる。

1.2.2 複数の同一の1価の基が同数の同一の基に置換されるという変化の場合には，口述・記述の場合に限っては，複数を示す接頭辞「ビス(bis-)」，「トリス(tris-)」，「テトラキス(tetrakis-)」などを用い，カッコをつけて相当する1価・1価の変換を規則1.1に示すように表現することができる。日本語ではハイフンはつけない。この命名法は，必要があれば，同一場所で起こる変換でなくても，同時に起こるものなら用いてもよい(例1-3参照)。

例:
1
CH$_2$Cl$_2$ ⟶ CH$_2$(OEt)$_2$

特定名:ジエトキシ-de-ジクロロ-二置換

　　　　　　　　　一般名：ジアルコキシ-de-ジハロ-二置換
　口述・記述の場合には，次の命名も許容される．
　　　　　　　　　特定名：ビス(エトキシ-de-クロロ-置換) または
　　　　　　　　　　　　　ビス(エトキシ-de-クロロ化)
　　　　　　　　　一般名：ビス(アルコキシ-de-ハロ-置換) または
　　　　　　　　　　　　　ビス(アルコキシ-de-ハロゲン化)

2
　　CH$_2$BrCl $\longrightarrow$ CH$_2$(OEt)$_2$
　　　　　　　　　特定名：ジエトキシ-de-クロロ,ブロモ-二置換
　　　　　　　　　一般名：ジアルコキシ-de-ジハロ-二置換
　口述・記述に許容される規則 1.2.2 の適用は一般名のみで，その名称は例1と同じになる．

3
　　Cl(CH$_2$)$_4$CHCl$_2$ $\longrightarrow$ MeS(CH$_2$)$_4$CH(SMe)$_2$
　索引用としては，この変換は2つの独立した変換として命名される．
　　　　　　　　　メチルチオ-de-クロロ-置換とビス[メチルチオ]-de-ジクロロ-二置換
　口述・記述用としては次のようにいうことも可能である（しかし必然ではない）．
　　　　　　　　　トリス(メチルチオ-de-クロロ化)

4
　　CH$_3$CHO $\xrightarrow{\text{(Ph}_3\text{PCH}_2\text{)}}$ CH$_3$CH=CH$_2$
　　　　　　　　　特定名：メチレン-de-オキソ-二置換
　　　　　　　　　一般名：アルキリデン-de-オキソ-二置換

5
　　R$_2$C=NPh $\xrightarrow{\text{(MeNHOSO}_2\text{OH)}}$ R$_2$C=N$^+$-Me
　　　　　　　　　　　　　　　　　　　　　　　　　|
　　　　　　　　　　　　　　　　　　　　　　　　　O$^-$
　　　　　　　　　特定名：[N-メチル-N-オキシドイミノ]-de-フェニルイミノ-二置換
　　　　　　　　　一般名：[N-アルキル-N-オキシドイミノ]-de-アリールイミノ-二置換

6
　　C$_6$H$_5$CHO $\longrightarrow$ C$_6$H$_5$CH(OEt)$_2$
　　　　　　　　　特定名：ジエトキシ-de-オキソ-二置換
　　　　　　　　　一般名：ジアルコキシ-de-オキソ-二置換
　この例および次の例のように，カルボニル酸素が生成物に残っていない場合には，（通常そうであるように）付加として命名されないことに注意が必要である（「前文」第6節参照）．

7
　　C$_6$H$_5$CHO $\longrightarrow$ C$_6$H$_5$CHCl(OEt)
　　　　　　　　　特定名：エトキシ,クロロ-de-オキソ-二置換

一般名：アルコキシ, ハロ-de-オキソ-二置換

8
$$CH_2N_2 \xrightarrow{(CH_3COOH)} CH_3OCOCH_3$$

特定名：ヒドロ, アセトキシ-de-ジアゾ-二置換
一般名：ヒドロ, アシルオキシ-de-ジアゾ-二置換

9
$$C_6H_5CHBrCl \longrightarrow C_6H_5CHO$$

特定名：オキソ-de-クロロ, ブロモ-二置換
一般名：オキソ-de-ジハロ-二置換

10
$$C_6H_5NH_2 \longrightarrow C_6H_5N=CHC_6H_5$$

特定名：ベンジリデン-de-ジヒドロ-二置換
一般名：アルキリデン-de-ジヒドロ-二置換

11
$$C_6H_5CHO \longrightarrow C_6H_5CH=NC_6H_5$$

特定名：フェニルイミノ-de-オキソ-二置換
一般名：アリールイミノ-de-オキソ-二置換

12
$$CH_3CN \longrightarrow CH_3COOH$$

ヒドロキシ, オキソ-de-ニトリロ-三置換

13
$$CSCl_2 \longrightarrow CO_2$$

特定名：ジオキソ-de-ジクロロ, チオキソ-四置換
一般名：ジオキソ-de-ジハロ, チオキソ-四置換

14
$$SbCl_5 \xrightarrow{(MeMgI)} SbMe_5$$

特定名：Sb-ペンタメチル-de-ペンタクロロ-五置換
一般名：Sb-ペンタアルキル-de-ペンタハロ-五置換

15
$$PhSF_5 \longrightarrow PhSO_2OH$$

特定名：S-ヒドロキシ, ジオキソ-de-ペンタフルオロ-五置換
一般名：S-ヒドロキシ, ジオキソ-de-ペンタハロ-五置換

1.3 「集合型 (aggregating)」置換

2個以上の同一基質から同じ離脱基が失われ1つの多価基が入ってきて生成物ができ, その生成

物中の他の部分にはまったく変化がない場合，その変換を「集合型」変換と呼ぶ．次の変換がその例である．

2 A–X $\longrightarrow$ A$_2$Y

3 A–X $\longrightarrow$ A$_3$Z

これらの変換は，規則 1.1 によれば AY-de-X-置換または A$_2$Z-de-X-置換と命名することもできるが，この命名では，この変換の対称性を表現していない．この点を強調するため，次に述べる「集合」命名を用いることにする（規則 6.1 に述べるカップリングおよびアンカップリングも参照）．

1.3.1 「集合」置換の名称は次のように構成される．
(a) 導入される基の名称，
(b) 綴字 -de-,
(c) 離脱する基の名称とその名称の前につける基質の数にあたる接頭辞（ジ，トリ，テトラなど），
(d) 接尾辞 -*aggre*-置換．

例：
1
 2 C$_2$H$_5$OH $\longrightarrow$ (C$_2$H$_5$O)$_2$CH$_2$
      O-メチレン-de-ジヒドロ-*aggre*-置換

2
 2 C$_6$H$_5$I $\longrightarrow$ C$_6$H$_5$–CH$_2$–CH$_2$–C$_6$H$_5$
      エチレン-de-ジヨード-*aggre*-置換

3
 2 CH$_3$Br $\longrightarrow$ CH$_3$–O–O–CH$_3$
      ペルオキシ-de-ジブロモ-*aggre*-置換

4
 2 ArH $\longrightarrow$ Ar–S–Ar
      チオ-de-ジヒドロ-*aggre*-置換

5
 3 CH$_3$OH $\longrightarrow$ (CH$_3$O)$_3$CCH$_3$
      O-エタニリジン-de-トリヒドロ-*aggre*-置換

6
 4 PhSH $\longrightarrow$ (PhS)$_4$C
      S-メタンテトライル-de-テトラヒドロ-*aggre*-置換

1.4 アリル型置換

この型の置換では，脱離基のついていた位置と違う位置に導入される基が入る．そして，それ以外の結合順の変化は起こらない．したがって，この命名の規則には，ハロベンゼンのシネ置換のような変換は含まれない．これらは規則 5 で扱われる．

この変換は，規則1.1および1.2を用いて，次のように命名する．離脱する基の番号を1とし，それから数えて置換基の導入される位置番号をアラビア数字で示してそのあとにスラッシュをつける．そのあとは通常の置換と同じであるが，脱離基の位置番号はつけないでよい．

例：
1
CH₂=CH-CHMe-Br ⟶ HO-CH₂-CH=CHMe

口述・記述：3/ヒドロキシ-de-臭素化
索引：3/ヒドロキシ-de-ブロモ-置換

2
CH₂=CH-O-CMe₃ ⟶ CH₃-CH=O

口述・記述：3/ヒドロ-de-*O-tert*-ブチル化
索引：3/ヒドロ-de-*O-tert*-ブチル-置換

3

口述・記述：5/クロロ-de-臭素化
索引：5/クロロ-de-ブロモ-置換

2 付　加

2.1　2個の1価基の付加

この規則は，不飽和の基質に2個の1価原子または1価基（付加子 addend という）が付加する変化を扱う．この変化には，単純オレフィンへの付加，カルボニル基への付加，アルジミンやケチミンへの付加，ジエンへの付加，芳香環やヘテロ芳香環への付加，アセチレンへの付加，カルベンやニトレンへの付加，1,3-双極中間体への付加などが含まれる．

2.1.1　単純オレフィンおよび単純アセチレンへの付加

2.1.1.1　索引名は次のようにしてつくる．
(a)　位置番号 1/ と規則 0.2 によって決められた優先性の低い付加子の名前，
(b)　位置番号 2/ と優先性の高い付加子の名前，
(c)　接尾辞「-付加（-addition）」．

基は規則 1.14 によって命名される（例 2，3，6，7，8 参照）．

2.1.1.2　2個の付加子が同じときには，名称は(a)位置番号 1/2/，(b)綴字（必要に応じて）「ジ」または「ビス」[6]，(c)付加子の名称，(d)接尾辞「-付加」によって構成される（例1および4参照）．

2.1.1.3　口述・記述の場合には位置番号 1/, 2/ やハイフンは省略してよい．

第1章 有機化学変換の命名法

例：
1
$$CH_2=CH-CH_2-CH_2OCH_3 \longrightarrow BrCH_2-CHBr-CH_2CH_2OCH_3$$
　　口述・記述：ジブロモ-付加
　　　　索引：1/2/ジブロモ-付加

2a
$$CH_3-CH=CH_2 \longrightarrow CH_3-CHBr-CH_3$$

2b
$$CH_3-CH=CH_2 \longrightarrow CH_3-CH_2-CH_2Br$$

これらの変化はどちらも次のようにいえる。
　　口述・記述：ヒドロ, ブロモ-付加
　　　　索引：1/ヒドロ, 2/ブロモ-付加

口述や記述で非公式に用いる場合には（「前文」第5節参照），次のようにして，この2つの反応を区別することができる。

2a　　　　　　　　1-ヒドロ, 2-ブロモ-付加
　　プロペンへの
2b　　　　　　　　2-ヒドロ, 1-ブロモ-付加

3
$$CH_2=CH_2 \xrightarrow{(CF_3OOCl)} ClCH_2CH_2OOCF_3$$
　　　　1/[トリフルオロメチルペルオキシ], 2/クロロ-付加

4
$$trans-CH_3CH=CHCH_3 \xrightarrow{(Cl_2, O_2, CH_3COOH)} meso-CH_3CHCl-CHClCH_3$$
　　口述・記述：ジクロロ-付加
　　　　索引：1/2/ジクロロ-付加

カッコに入れて立体化学に関する情報も加えることができる（「前文」第6節参照）。そのときは (anti) 1/2/ジクロロ-付加とする。

5a
$$(Z)\text{-}2\text{-ペンテン} \xrightarrow{(Br_2,\ CH_3OH)} threo\text{-}2\text{-ブロモ-}3\text{-メトキシペンタン}$$

5b
$$(Z)\text{-}2\text{-ペンテン} \xrightarrow{(Br_2,\ CH_3OH)} erythro\text{-}2\text{-ブロモ-}3\text{-メトキシペンタン}$$

5c
$$(Z)\text{-}2\text{-ペンテン} \xrightarrow{(Br_2,\ CH_3OH)} threo\text{-}3\text{-ブロモ-}2\text{-メトキシペンタン}$$

5d

(Z)-2-ペンテン $\xrightarrow{(Br_2,\ CH_3OH)}$ *erythro*-3-ブロモ-2-メトキシペンタン

これらの変換は，すべて1つの単純変換の例である．すなわち，これらの名称は次のとおり．

特定名：メトキシ，ブロモ-付加または 1/メトキシ，2/ブロモ-付加
一般名：アルコキシ，ハロ-付加または 1/アルコキシ，2/ハロ-付加

非公式の使用例では，次のようにしてその他の情報も加えることができる．

(5a) と (5c)：(*anti*) 1/メトキシ，2/ブロモ-付加
(5a) と (5b)：(Z)-2-ペンテンへの 3-メトキシ，2/ブロモ-付加
(5d)：(Z)-2-ペンテンへの (*syn*) 2-メトキシ，3/ブロモ-付加

6

$HC \equiv CH \longrightarrow CH_2=CHCl$

ヒドロ，クロロ-付加または 1/ヒドロ，2/クロロ-付加

7a

$HC \equiv CPh \xrightarrow{(anti)} (E)\text{-}RSO_2\text{-}CH=CPh-Br$

7b

$HC \equiv CPh \xrightarrow{(syn)} (Z)\text{-}RSO_2\text{-}CH=CPh-Br$

7a：(*anti*) アルキルスルホニル，ブロモ-付加または
(*anti*) 1/アルキルスルホニル，2/ブロモ-付加
7b：(*syn*) アルキルスルホニル，ブロモ-付加または
(*syn*) 1/アルキルスルホニル，2/ブロモ-付加

8

これらはいずれも次のように命名される．

ヒドロ，アミノ-付加または 1/ヒドロ，2/アミノ-付加

非公式の口頭発表や記述では，次のようにして区別することができる．

4-クロロ-1,2-デヒドロベンゼンへの $\begin{cases} 2\text{-ヒドロ，1-アミノ-付加} \\ 1\text{-ヒドロ，2-アミノ-付加} \end{cases}$

9
$$CH_3(CH_2)_5CH=CH_2 \xrightarrow[(CBr_4)]{(h\nu)} CH_3(CH_2)_5CHBr-CH_2CBr_3$$

1/トリブロモメチル,2/ブロモ-付加

非公式の使用では(「前文」第5節参照),この変換は,1-オクテンへの光誘起ラジカル機構による CBr_4 の1-トリブロモメチル,2-ブロモ-付加といえる。

2.1.2 ヘテロ原子が関与する多重結合への付加

規則2.1.1に述べてあるように,この名称は,付加の起こる原子をイタリックの元素記号で示し,そのあとに付加子を書いて表すことにする。付加子が同一の場合には,基質の位置は原子番号が大きい方を番号1とする(規則0.3,例7参照)。

口述・記述に使用するさいは,文意から,その変化の本質がわかるならヘテロ原子の元素記号を省いてもよい。

例:
1
$$CH_3CHO \longrightarrow CH_3CH(OH)CN$$

口述・記述:O-ヒドロ,C-シアノ-付加または
ヒドロ,シアノ-付加(文意からカルボニルへの付加であることが明瞭な場合)
索引:1/O-ヒドロ,2/C-シアノ-付加

2
$$(CH_3)_2C=O \longrightarrow (CH_3)_2\overset{OH}{\underset{|}{C}}-CH_2-CO-CH_3$$

口述・記述:(アセトンへの)ヒドロ,アセトニル-付加
索引:1/O-ヒドロ,2/C-[2-オキソプロピル]-付加

注:この規則では,索引用命名には通常体系名を用いる。

3
$$ArCHO \longrightarrow ArCH(OH)CH_2NO_2$$

口述・記述:(ベンズアルデヒドへの)O-ヒドロ,C-ニトロメチル-付加または
(ベンズアルデヒドへの)ヒドロ,ニトロメチル-付加
索引:1/O-ヒドロ,2/C-ニトロメチル-付加

4
$$PhCOCH_3 \longrightarrow Ph-\overset{OH}{\underset{\underset{SO_3^-}{|}}{\overset{|}{C}}}-CH_3$$

口述・記述:(アセトフェノンへの)O-ヒドロ,C-スルホナト-付加または
(アセトフェノンへの)ヒドロ,スルホナト-付加
索引:1/O-ヒドロ,2/C-スルホナト-付加

5

$(CH_3OCH_2)_2C=O \longrightarrow (CH_3OCH_2)_2C(OH)_2$

　　口述・記述：（カルボニル基への）O-ヒドロ,C-ヒドロキシ-付加 または
　　　　　　　　（カルボニル基への）ヒドロ,ヒドロキシ-付加
　　　　索引：1/O-ヒドロ,2/C-ヒドロキシ-付加

6

$(CH_3)_2C=O \xrightarrow{(PhS\underset{Li}{\diagdown})} PhS\underset{LiO}{\diagdown}C(CH_3)_2 \xrightarrow{(H_2O)} PhS\underset{HO}{\diagdown}C(CH_3)_2$

アセトンから中間体への変換
　　口述・記述：　　一般名：（アセトンへの）メタロ,アルキル-付加
　　　　索引：　　一般名：1/O-メタロ,2/C-アルキル-付加
　　　　　　　　　　特定名：1/O-リチオ,2/C-[1-（フェニルチオ）シクロプロピル]-付加

中間体から最終生成物への変換（規則 1.1）
　　口述・記述：　　一般名：O-ヒドロ-de-メタロ化
　　　　　　　　　　特定名：O-ヒドロ-de-リチオ化
　　　　索引：　　一般名：O-ヒドロ-de-メタロ-置換
　　　　　　　　　　特定名：O-ヒドロ-de-リチオ-置換

アセトンから最終生成物への変換
　　口述・記述：　　一般名：（アセトンへの）ヒドロ,アルキル-付加
　　　　索引：　　一般名：1/O-ヒドロ,2/C-アルキル-付加
　　　　　　　　　　特定名：1/O-ヒドロ,2/C-[1-（フェニルチオ）シクロプロピル]-付加

7

$CH_3CHO \longrightarrow CH_3-CH_2-OH$

　　口述・記述：（アセトアルデヒドへの）O,C-ジヒドロ-付加 または
　　　　　　　　（アセトアルデヒドへの）ジヒドロ-付加
　　　　索引：1/O,2/C-ジヒドロ-付加

8

$PhCN \longrightarrow Ph-\underset{CH_3}{\overset{|}{C}}=NMgI$

　　口述・記述：　　特定名：（ベンゾニトリルへの）
　　　　　　　　　　　　　C-メチル,N-ヨードマグネシオ-付加 または
　　　　　　　　　　　　　（ベンゾニトリルへの）メチル,ヨードマグネシオ-付加
　　　　　　　　　　一般名：N-メタロ,C-アルキル-付加
　　　　索引：　　特定名：1/C-メチル,2/N-ヨードマグネシオ-付加
　　　　　　　　　　一般名：1/N-メタロ,2/C-アルキル-付加

一般名中の優先順位を決める規則 (0.2.1) によると，規則 2.1.1.1 を用いて付加子を並べる順序は，特定名と一般名とでは違うことがある。このような異常な例はそう多くないが，ときには不可避である。例9では，特定名と一般名は同じになっている。

9
　PhNO $\longrightarrow$ Ph$_2$NOLi
　　口述・記述：　特定名：O-リチオ, N-フェニル-付加
　　　　　　　　　一般名：O-メタロ, N-アリール-付加
　　　　索引：　　特定名：1/O-リチオ, 2/N-フェニル-付加
　　　　　　　　　一般名：1/O-メタロ, 2/N-アリール-付加

10
　アダマンタン-2-チオン $\xrightarrow{(アダマンタン-2-チオール)}$ 二硫化ジ(2-アダマンチル)
　　口述・記述：一般名：C-ヒドロ, S-アルキルチオ-付加
　この場合，ジチオアセタールの生成とこの変換とを区別するために，元素記号を省くことは適当でない。
　　　　　索引：　特定名：1/C-ヒドロ, 2/S-[2-アダマンチルチオ]-付加
　　　　　　　　　一般名：1/C-ヒドロ, 2/S-アルキルチオ-付加

2.1.3　カルベンおよびニトレンへの付加

　この規則は単純なオレフィンへの付加とほぼ同じであるが，異なる点は，口述・記述のさいに，「1/」，「1/」の位置番号をつけて変換の特質を強調し，ニトレンの場合には元素記号をつけることが望ましいという点である（索引用には，これらは必須である）。

例：
1
　Cl$_2$C $\longrightarrow$ Cl$_2$CHOCH$_3$
　　　　　　1/ヒドロ, 1/メトキシ-付加

2
　EtOOC-N $\longrightarrow$ EtOOC-NH-C(CH$_3$)$_3$
　　　　　　1/N-ヒドロ, 1/N-$tert$-ブチル-付加

3
　CH$_3$CH $\xrightarrow{(シクロヘキサン)}$ CH$_3$CH$_2$-C$_6$H$_{11}$
　　　　　　1/ヒドロ, 1/シクロヘキシル-付加

4
　CClBr $\xrightarrow{(Me_3SnSnMe_3)}$ Me$_3$SnCSnMe$_3$ (Cl, Br)
　　　　　　特定名：1/1/ビス(トリメチルスタンニル)-付加
　　　　　　一般名：1/1/ジスタンニル-付加

2.1.4 共役・集積など拡張不飽和系への付加

2.1.4.1 付加が隣合った原子にのみ起こる場合，あるいは1つの中心にのみ起こる場合（カルベンやニトレンなど）は，規則2.1.1から2.1.3が適用される。その他の不飽和基質では，これらの規則では命名が不可能である。

例：

1

CH₃-CH=CH-CH=CH-CH₃ ⟶ CH₃-CHBr-CHBr-CH=CH-CH₃

1/2/ジブロモ-付加

2

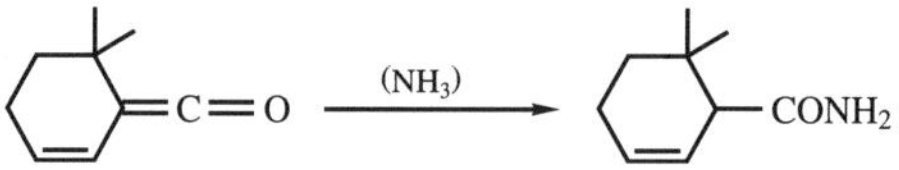

[シクロヘキセン-ケテン誘導体] ─(NH₃)→ [シクロヘキセン-CONH₂]

1/ヒドロ,2/アミノ-付加

3

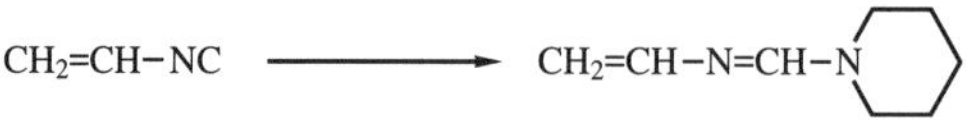

CH₂=CH-NC ⟶ CH₂=CH-N=CH-N(ピペリジノ)

1/ヒドロ,1/ピペリジノ-付加

2.1.4.2 付加子の結合する位置が1個以上の原子で隔てられているときには，付加を行う不飽和基質のその部分にアラビア数字にスラッシュをつけて番号づけを行う。原子1/は最初に命名される付加子が結合する位置である（規則0.3）。この修正を行ってから，規則2.1.1と2.1.3を適用する（規則2.1.1.3は適用できない）。π結合の位置の変化は変換の名称にはとくに記述しないことにする。

ヘテロ原子の元素記号を省略することは一般には推奨できないが，そうすることによってあいまいさが生じないときには，記号Cは口述・記述のさいに省略してもよい（例5参照）。

例：

1

CH₃-CH=CH-CH=CH-CH₃ ⟶ CH₃-CHBr-CH=CH-CHBr-CH₃

1/4/ジブロモ-付加

2

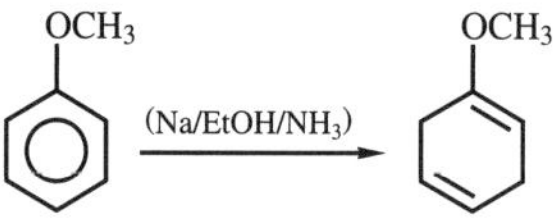

[アニソール] ─(Na/EtOH/NH₃)→ [1,4-ジヒドロアニソール]

1/4 ジヒドロ-付加

3

CH₂=CH-CH=CH₂ ⟶ CH₃-CH=CH-CH₂Cl

1/ヒドロ,4/クロロ-付加

第1章 有機化学変換の命名法

4

EtSCH=N-CH=CH$_2$ $\xrightarrow{\text{(EtSH)}}$ (EtS)$_2$CH-N=CH-CH$_3$

1/ヒドロ,4/エチルチオ-付加

5

$\xrightarrow{\text{(Li/NH}_3\text{)}}$

口述・記述：1/ヒドロ,4/O-リチオ-付加
索引：1/C-ヒドロ,4/O-リチオ-付加

6

[(CH$_3$)$_2$C=C=C ⟷ (CH$_3$)$_2$$\overset{+}{\text{C}}$-C≡$\overset{-}{\text{C}}$] ⟶ CH$_3$-$\underset{\underset{\text{OCH}_3}{|}}{\overset{\overset{\text{CH}_3}{|}}{\text{C}}}$-C≡CH

1/ヒドロ,3/メトキシ-付加

7

[Ph-C-N=CH-C$_6$H$_4$-NO$_2$ ⟷ Ph-$\overset{+}{\text{C}}$=N-$\overset{-}{\text{C}}$H-C$_6$H$_4$-NO$_2$]
⟶ [Ph-$\underset{\underset{\text{Cl}}{|}}{\text{C}}$=N-CH$_2$-C$_6H_4$-NO$_2$

1/ヒドロ,3/クロロ-付加

8

[CH$_3$O-C$_6$H$_4$-C=N=N-C$_6$H$_4$-NO$_2$ ⟷ CH$_3$O-C$_6$H$_4$-$\overset{+}{\text{C}}$=N-$\overset{-}{\text{N}}$-C$_6$H$_4$-NO$_2$]
⟶ CH$_3$O-C$_6$H$_4$-$\underset{\underset{\text{Cl}}{|}}{\text{C}}$=N-$\underset{\underset{\text{H}}{|}}{\text{N}}$-C$_6H_4$-NO$_2$

1/N-ヒドロ,3/C-クロロ付加

2.2 多価付加 (multivalent addition)

　この項目で取り扱われる規則は，多価の付加子もしくは複数の1価の付加子が，1個の不飽和基質に付加する変換を取り扱うものである。これら変換の多重度（multiplicity）は，付加子がつくるすべての結合数の半分とする。
　これらの変化には，アセチレンへの付加，ニトリルへの付加，その他三重結合をもつ基質への付加のほか，共役ジエンや集積ジエンあるいは高度不飽和基質への付加などが含まれる。規則2.2.1.2および2.2.2.4に記載されている場合を除いて，2個以上の孤立不飽和結合に同時に付加が起こる

25

場合は，それぞれ独立の変換が起こっているものとみなす。すなわち，各変換は別々に命名する。
口述・記述の名称は，特別に述べない限り，索引名と同じである。

2.2.1 多重度2の付加（二付加 biaddition）

これは4個の1価付加子が付加するか，2個の2価の付加子が付加するか，1個の2価の付加子と2個の1価の付加子が付加するかのいずれかである。このときの名称は，(a)価数が大きくなる順に並べた付加子の名称〔ただし，価数が同じときは序列規則で優先性（規則0.2）が低いほうから高いほうへ並べる。また必要に応じて位置を特定する記号をつける〕，(b)接尾辞「-二付加 (-biaddition)」からなる。

2.2.1.1 もし最初においた付加子（それが2価の場合）か最初の2つの付加子（1価の場合）が1/の位置につき，その他の付加子が2/の位置につくときには，口述・記述の命名では位置番号をいわなくてもよいことにする。口述・記述の場合には元素記号 C は，不明瞭にならない限り，省略してもよい。

2.2.1.2 二付加の内容が，同じ1価の付加子の対が2個，集積でない2個の二重結合に付加するというものである場合には，口述・記述の場合には，イタリックのビス（bis-）を接頭辞としておいた後ろに（日本語ではカタカナで表すので，斜体はとくに使わないことにする），カッコ内に規則2.1に記述した規則に従って対応する一付加の名称を入れることによって表示する。この種の命名法は，複数の孤立二重結合に起こる同時付加にも拡張することができる（例10および規則2.2.2の例4参照）。

例：

1

$CH_3C\equiv CCH_3 \xrightarrow{(RuO_4)} CH_3COCOCH_3$

口述・記述：ジオキソ-二付加
索引：1/2/ジオキソ-二付加

2

$CH_3C\equiv CH \longrightarrow CH_3COCH_3$

口述・記述：ジヒドロ,オキソ-二付加
索引：1/1/ジヒドロ,2/オキソ-二付加

3

$CH_3C\equiv N \longrightarrow CH_3CONH_2$

口述・記述：NN-ジヒドロ,C-オキソ-二付加
索引：1/1/N-ジヒドロ,2/C-オキソ-二付加

注：この例では，口述・記述のさいに文字 C を省略できるという約束は推奨できない。最初に NN と書いて強調したことに対して，あとのほうでも対応する必要がある。

4

$CH_3NC \longrightarrow CH_3NH-CHO$

口述・記述：1/N,2/ジヒドロ,2/オキソ-二付加
索引：1/N,2/C-ジヒドロ,2/C-オキソ-二付加
注：口述・記述の場合にも，位置番号は必ずつけなければならない（規則2.2.1.1）。

5 PhN=C=NPh ⟶ PhNH-CS-NHPh
口述・記述：1/N,3/N-ジヒドロ,2/チオキソ-二付加
索引：1/N,3/N-ジヒドロ,2/C-チオキソ-二付加

6 PhC≡CH ⟶ PhCBr₂-CH₃
口述・記述：ジヒドロ,ジブロモ-二付加
索引：1/1/ジヒドロ,2/2/ジブロモ-二付加

7 PhC≡CH ⟶ PhCH₂CH₃
口述・記述：テトラヒドロ-二付加
索引：1/1/2/2/テトラヒドロ-二付加

8 CH₃-C≡C-OCH₃ —(CH₃CHO + H₂O)→ CH₃-CH-CO-OCH₃
                                    |
                                    CH(OH)CH₃

1/ヒドロ,1/[1-ヒドロキシエチル],2/オキソ-二付加

注：付加子のどれかが複雑な名称をもっている場合にはいつでもそうであるが，この例では，位置番号は常に記載されていることが望ましい。

9 CH₃-C≡C-OCH₃ —(CH₃CHO)→ CH₃-C-CO-OCH₃
                              ‖
                              CHCH₃

口述・記述：エチリデン,オキソ-二付加
索引：1/エチリデン,2/オキソ-二付加

10 CH₃CH=CH-CH=CH-CH₃ ⟶ CH₃CHCl-CH₂-CHCl-CH₂CH₃
索引または口述・記述：1/3/ジヒドロ,2/4/ジクロロ-二付加
口述・記述のみ*：ビス(ヒドロ,クロロ-付加) (*規則2.2.1.2)

11 PhCH=CH-CHO —(HCN)→ PhCH(CN)CH₂CH(OH)CN
口述・記述：1/O,3/ジヒドロ,2/4/ジシアノ-二付加
索引：1/O,3/C-ジヒドロ,2/C,4/C-ジシアノ-二付加

12
$$CH_3CO-CH=NOH \longrightarrow CH_3CH(OH)-CH_2NHOH$$
口述・記述または索引：$1/O, 2/C, 3/C, 4/N$-テトラヒドロ-二付加

注：例の 11 と 12 では，C の文字が違った意味に用いられている．1/の原子だけが炭素でない場合には，C を省略してもあいまいさはほとんどない．しかし，12 の例では，「2/3/4/N」とすると 2/と 3/の原子も窒素だととられる可能性がある．

2.2.2　3 以上の多重度をもつ付加は，二付加の規則 2.2.1 にならい，接頭辞を適当に変えて命名することができる．多重度が 3, 4, 5 などの場合には，それぞれ，三付加（teraddition），四付加（quateraddition），五付加（quinquaddition）などとして命名する．

2.2.2.1　アラビア数字のあとにスラッシュをつける位置番号は，規則 2.2.2.3 に述べる例外を除いて，常につける必要がある．

2.2.2.2　1/の番号を与えられた原子がその不飽和基質のなかの唯一のヘテロ原子である場合には，口述・記述のさいに，C の記号は省略してもよい（例 1 と 3 参照）．

2.2.2.3　多重度が 3 以上の付加で，すべての付加子が同じでかつ生成物が完全に飽和になる場合には，口述・記述の場合，次のように命名してもよい．(a)接頭辞「ペル」，(b)付加子の名称とハイフン，(c)接尾辞「付加」（例 1）．

2.2.2.4　規則 2.2.1.2 に記述された内容は，3 個以上の非集積二重結合にも拡張することができる．このとき，トリス，テトラキスなど適当な多重度を示す接頭辞を用いる．

例：
1
$$EtCH=CHCN \longrightarrow EtCH_2CH_2CH_2NH_2$$
口述・記述：$1/1/N, 2/2/3/4/$ヘキサヒドロ-三付加またはペルヒドロ-付加
索引：$1/1/N, 2/2/C, 3/C, 4/C$-ヘキサヒドロ-三付加

2
$$CH_2=C=CH-CH=C=CH_2 \longrightarrow CH_3-CHBr-CHBr-CHBr-CHBr-CH_3$$
口述・記述または索引：$1/2/5/6$ テトラヒドロ，$2/3/4/5$ テトラブロモ-四付加

3
$$CH_2=CHCN \longrightarrow HOCH_2CH_2CONH_2$$
口述・記述：$1/1/N, 3/$トリヒドロ，$4/$ヒドロキシ，$2/$オキソ-三付加
索引：$1/1/N, 3/C$-トリヒドロ，$4/C$-ヒドロキシ，$2/C$-オキソ-三付加

4
$$CH_2=CH-CH=CH-CH_2-CH=CH_2 \longrightarrow CH_3-CHCl-CH_2-CHCl-CH_2-CHCl-CH_3$$
索引の場合には，これは 2 つの独立の変換（二付加 1 つと一付加 1 つ）として命名されなければならない．口述・記述の場合には，規則 2.2.2.4 を適用して，次のように命名することは許容さ

れる（ただし，そうしなければならないというわけではない）。
トリス（ヒドロ,クロロ-付加）

3　脱　　離

3.1　2個の1価基の脱離（elimination）

この規則は，ジェミナルの位置すなわち1個の原子についた2個の1価原子または基（脱離子 eliminand という）が脱離してカルベンやニトレンを生成したり，ビシナルの位置つまり途中に2個の原子を介した2個の1価原子または基が脱離してオレフィン，カルボニル，イミンなどを生成する変化を扱う。二重結合のビシナル位置から置換基が2個失われて三重結合が生成する変化も含まれる。複数のメチレン基によって隔てられた原子や基（エーテル基や類似したもの）が失われてその位置で結合が起こり3員環よりも大きい環をつくるような場合は，ここでは扱わない。

> 注：この規則の検討を行っているとき，（いくつかの文献で使われた）「デヒドロブロモ化」のような名称や「de-ヒドロ-de-ブロモ化」といった名称も考慮されたが，これらは耳にも目にも，置換を表す「ヒドロ-de-ブロモ化」と混同しやすいので，採用されなかった。その代わり採用されたのが「ヒドロ,ブロモ-脱離」である。これは，はっきりとしており，特段の説明を要しないであろう。

3.1.1　1個のオレフィンまたはアセチレン結合を生成する脱離

　3.1.1.1　この名称は次の成分からなる。
(a) 位置番号1/ついで規則0.2によって定義される優先性の低い脱離子の名称,
(b) 位置番号2/と優先性の高い脱離子の名称,
(c) 接尾辞「-脱離（-elimination）」。
基名は規則1.1.4によってつける。

　3.1.1.2　2個の脱離子が等しい場合には，名称は(a)位置番号1/2/, (b)必要に応じて「ジ」または「ビス」の接頭辞（文献6参照）, (c)脱離子の名称, (d)接尾辞「-脱離」を用いてつくる。

　3.1.1.3　口述・記述の名称では，位置番号1/や2/およびハイフンは省略してもよい。

例：
1
$$CH_3-CH-C(CH_3)_2 \xrightarrow{(Zn)} CH_3CH=C(CH_3)_2$$
　　　| 　|
　　Br　Br

　　　　口述・記述：ジブロモ-脱離
　　　　　　索引：1/2/ジブロモ-脱離

2
$$CH_3CH_2CH_2-CH(NMe_3^+)-CH_3 \longrightarrow CH_3CH_2CH_2CH=CH_2$$

口述・記述：ヒドロ, [トリメチルアンモニオ]-脱離
索引：1/ヒドロ, 2/[トリメチルアンモニオ]-脱離

3
$$CF_3-CH=CCl-OCF_3 \longrightarrow CF_3-C\equiv CCl$$

口述・記述：　特定名：ヒドロ, トリフルオロメトキシ-脱離
　　　　　　　一般名：ヒドロ, アルコキシ-脱離
索引：　　　　特定名：1/ヒドロ, 2/トリフルオロメトキシ-脱離
　　　　　　　一般名：1/ヒドロ, 2/アルコキシ-脱離

4a

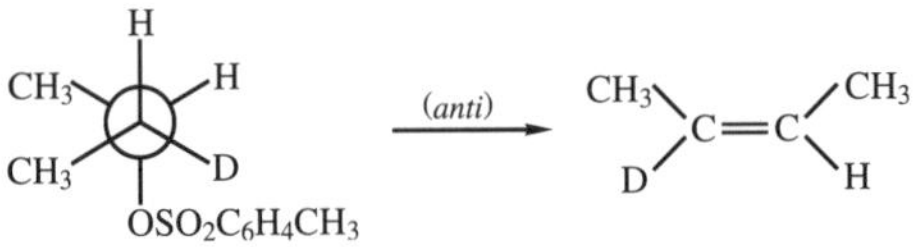

(anti)

4b

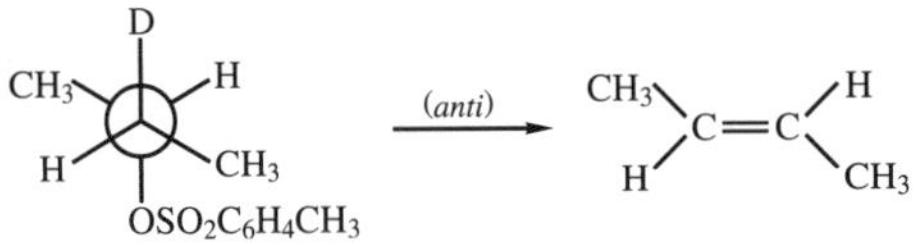

(anti)

4c

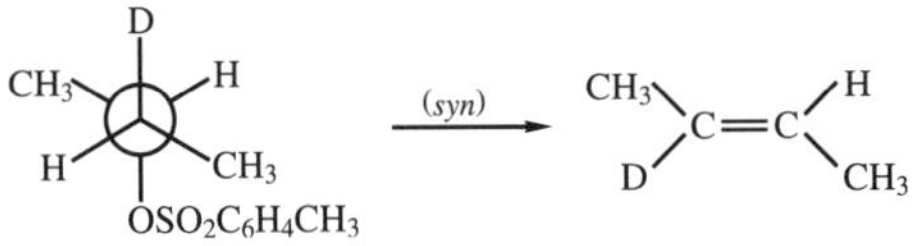

(syn)

4d

(syn)

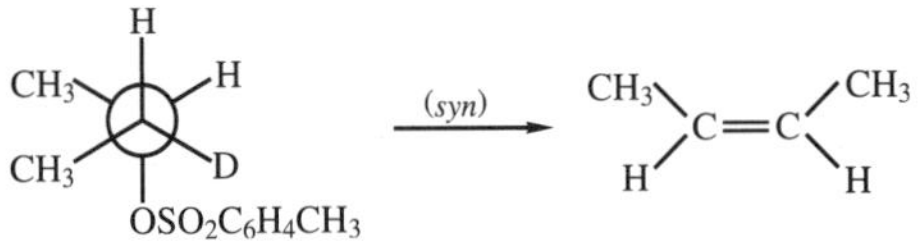

4a-d はいずれも同じ変換の例であって，次のように書ける．

口述・記述：ヒドロ, [p-トリルスルホニルオキシ]-脱離
索引：1/ヒドロ, 2/[p-トリルスルホニルオキシ]-脱離

この名称には，次のような変形が可能である．

4a と 4c：1/プロチオ, 2/[*p*-トリルスルホニルオキシ]-脱離
4b と 4d：1/デューテリオ, 2/[*p*-トリルスルホニルオキシ]-脱離
4a：(*anti*)-プロチオ, [*p*-トリルスルホニルオキシ]-脱離

5

(Z)-CH₃-CH=C-COCH₃ $\xrightarrow{\text{(KOH/EtOH)}}$ CH₃-C≡C-COCH₃
          |
          Br

口述・記述：ヒドロ, ブロモ-脱離 または (*anti*)-ヒドロ, ブロモ-脱離
索引：1/ヒドロ, 2/ブロモ-脱離

3.1.2 炭素と炭素以外の原子との間に多重結合が生成する脱離

オレフィン結合が生成する脱離と同じように名称をつくるが，脱離子の前に，脱離の位置を示す位置番号とイタリックの元素記号をつける。脱離子が同一の場合には，基質の位置は原子番号の大きいものに 1 の番号をつける（規則 0.3, 例 3 参照）。口述・記述では，その変換の性質を示すのにあいまいさが残らなければ，位置番号は省略してもよい。

例：

1

CH₃CH₂-CH-OH ⟶ CH₃CH₂-CHO
        |
        SO₃⁻

口述・記述：*O*-ヒドロ, *C*-スルホナト-脱離
索引：1/*O*-ヒドロ, 2/*C*-スルホナト-脱離

2

PhCH₂ONO₂ ⟶ PhCHO

口述・記述：*C*-ヒドロ, *O*-ニトロ-脱離
索引：1/*C*-ヒドロ, 2/*O*-ニトロ-脱離

3

(CH₃)₂CHOH ⟶ CH₃COCH₃

口述・記述：*O*, *C*-ジヒドロ-脱離 または
　　　　　　ジヒドロ-脱離（文意からカルボニル化合物が生成することがわかるとき）
索引：1/*O*, 2/*C*-ジヒドロ-脱離

4

CH₃CH₂CH₂-O-SMe₂⁺ ⟶ CH₃CH₂CHO

口述・記述：*C*-ヒドロ, *O*-ジメチルスルホニオ-脱離
索引：1/*C*-ヒドロ, 2/*O*-ジメチルスルホニオ-脱離

5

Ph₂CH-SCN ⟶ Ph₂C=S

口述・記述：*C*-ヒドロ, *S*-シアノ-脱離 または
　　　　　　（チオンを与える）ヒドロ, シアノ-脱離

　　　　索引：1/*C*-ヒドロ,2/*S*-シアノ-脱離

6
R-CH=N-OH $\longrightarrow$ R-C≡N
　　　口述・記述：*C*-ヒドロ,*N*-ヒドロキシ-脱離または
　　　　　　　　（オキシムからの）ヒドロ,ヒドロキシ-脱離
　　　索引：1/*C*-ヒドロ,2/*N*-ヒドロキシ-脱離

7
R-C(=NH)OSOCl $\longrightarrow$ R-C≡N
　　　　1/*N*-ヒドロ,2/*C*-[クロロスルフィニルオキシ]-脱離
　　　注：このように比較的複雑な場合には，簡単化した口述・記述の方法は使わないほうがよい
　　　と思われる。

3.1.3　カルベンやニトレンが生成する脱離

　このさいの規則はオレフィン結合が生成するさいと同じであるが，変換の特質を強調するため，「1/」，「1/」の位置番号を口述・記述の場合にも用いるのが望ましく，ニトレンの場合には元素記号もつける（索引用としては，これらは必要条件である）。

例：
1
　CHCl₃ $\xrightarrow{(塩基)}$ Cl₂C
　　　　1/ヒドロ,1/クロロ-脱離

2
　RNH-OSO₂Ph $\longrightarrow$ RN
　　　　1/*N*-ヒドロ,1/*N*-[フェニルスルホニルオキシ]-脱離

3
　CH₂I₂ $\longrightarrow$ CH₂
　　　　1/1/ジヨード-脱離

3.1.4　共役，集積その他高度不飽和基質の生成する脱離

　3.1.4.1　隣合せの原子のみから起こる脱離や同じ原子からのみ脱離が起こってカルベンやニトレンを生成する場合には，規則3.1.1から　3.1.3を適用する。その他の不飽和系では，この変換名とは関係がない。

例：
1
　(CH₃)₂C(OH)-CH₂COCH₃ $\xrightarrow{(H^+)}$ (CH₃)₂C=CHCOCH₃
　　　　ヒドロ,ヒドロキシ-脱離または1/ヒドロ,2/ヒドロキシ-脱離

2

(CH₃)₂CBr-CO-Br $\xrightarrow{(Zn)}$ (CH₃)₂C=C=O

1/2/ジブロモ-脱離

3

Ph-CO-CH(Ph)-N(SO₂C₆H₄CH₃)-Ph ⟶ Ph-CO-C(Ph)=N-Ph

1/C-ヒドロ,2/N-[p-トリルスルホニル]-脱離

3.1.4.2　脱離子が2個以上の原子で隔てられた位置から脱離する場合には，脱離が起こる基質のその部分はアラビア数字とスラッシュとで順番に番号をつける。このさい，1/の番号は脱離子として最初に書かれるものが離脱していく位置とする。この修正をしたあと，規則 3.1.1 から 3.1.3 を適用する(ただし規則 3.1.1.3 は適用されない)。ヘテロ原子の元素記号を省略するのは，通常，望ましくなく，したがって口述・記述名と索引名は同じである。

例：

1

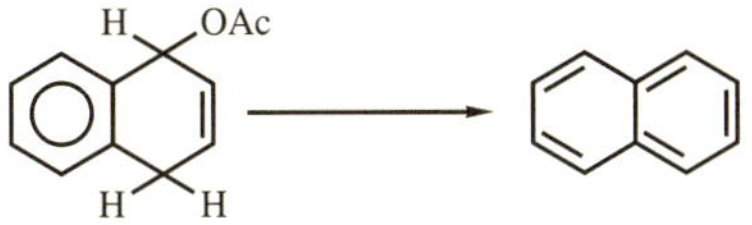

1/ヒドロ,4/アセトキシ-脱離

2

1/O,4/C-ジヒドロ-脱離

3

(CH₃)₂C(Cl)-C≡CH ⟶ (CH₃)₂C=C=C

1/ヒドロ,3/クロロ-脱離

4

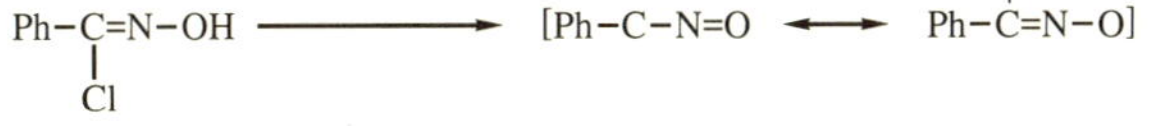

Ph-C(Cl)=N-OH ⟶ [Ph-C=N=O ↔ Ph-C̈=N-Ö]

1/O-ヒドロ,3/C-クロロ-脱離

3.2　多価脱離 (multivalent eliminations)

　この項目の規則では，多価の脱離子が離脱する場合，3個以上の1価脱離子が離脱して三重結合，共役結合，集積二重結合などの基質を生成する変換を扱う。これら変換の多重度は，脱離子の原子

価の和の半分と定義される。規則 3.2.1.2 と 3.2.2.2 に記述される使用法を除き，同時に脱離が起こって 2 個以上の孤立二重結合をつくる変化は，それぞれ独立の変換とみなす。それらは別々に記載されなければならない。

口述・記述の名称は，特別に述べない限り，どれも索引名と同じである。

3.2.1　多重度 2 の脱離（二脱離 bielimination）

このさいは，4 個の 1 価脱離子の離脱，2 個の 2 価脱離子の離脱，1 個の 2 価の離脱子と 2 個の 1 価脱離子の離脱のどれかである。基礎的な名称は，

(a)　脱離子の名称を基価が増加する順に並べる，基価が同じときは規則 0.2 に記載されている優先性が増大する順に並べる，各脱離子の前に適当な位置番号をつける，

(b)　接尾辞「-二脱離（-bielimination）」

によってつくられる。

3.2.1.1　最初に出てくる脱離子（2 価の場合）または最初の 2 個の脱離子（1 価の場合）が番号 1/ から離脱し，残りの脱離子が位置番号 2/ から離脱するときには，口述・記述では位置番号は省略してもよい。口述・記述では元素記号 C もあいまいさが残らない限り，省略してよい。

3.2.1.2　ある二脱離がまったく同じ 2 対の 1 価脱離基が離脱することによって起こり，かつこれらの対のあったところに 2 個の非集積二重結合が生成する場合には，口述・記述ではイタリックの接頭辞「ビス（*bis*-）」をつけカッコの中に規則 3.1 に従って相当する一脱離の名称を入れて示すことができる（日本語の場合には字訳をとってカタカナで書いているので斜体は用いない）。もし必要なら，この種の命名は，脱離が同時に起こって孤立した二重結合が複数生成するさいに拡張してもよい（例 3 と 9 を比較）。

3.2.2　多重度が 3 以上の脱離は，二脱離に適用した規則 3.2.1 と同様に命名が可能である。このさい，多重度を示す接頭辞をつける。多重度 3，4，5 などの脱離はそれぞれ三脱離（terelimination），四脱離（quaterelimination），五脱離（quinquelimination）などと呼ぶ。

3.2.2.1　脱離子が離脱する原子のうち 1/ で表される原子だけがヘテロ原子のときは，口述・記述にさいして，他の原子に与える記号は省略してよい。

3.2.2.2　規則 3.2.1.2 に規定された使用法は，3 個以上の非集積二重結合が生成する場合の脱離にも応用できる。このさい，相当する数を表す接頭辞トリス（tris），テトラキス（tetrakis）などを用いる（例 9 参照）。

例：
1

$$EtCH_2CHBr_2 \xrightarrow{(NH_2^-)} EtC\equiv CH$$

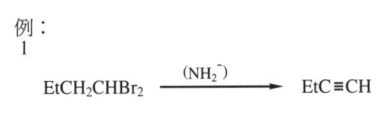

　　　口述・記述：ジヒドロ，ジブロモ-二脱離
　　　　索引：1/1/ジヒドロ，2/2/ジブロモ-二脱離

2

$C_2H_5CHBrCH_2Br \xrightarrow{(NH_2^-)} C_2H_5C\equiv CH$

1/2/ジヒドロ, 1/2/ジブロモ-二脱離

注：記述の場合に位置番号を省略するのは望ましくない（規則3.2.1）が，口述の場合には文脈上意味していることが明らかな限り，位置番号を省略してもよい．

3

$BrCH_2CH_2CH_2CH_2Br \xrightarrow{(NH_2^-)} CH_2=CH-CH=CH_2$

2/3/ジヒドロ, 1/4/ジブロモ-二脱離
ビス(ヒドロ, ブロモ-脱離)　（口述・記述に限る）

4

$PhCH_2CBr_2CH_2Ph \xrightarrow{(Et_2N^-)} PhCH=C=CHPh$

1/3/ジヒドロ, 2/2/ジブロモ-二脱離

5

Ph-C——C-Ph　　　　　Ph-C≡C-Ph
　‖　　‖　　→
　N₂　　N₂

口述・記述：ビスジアゾ-二脱離
　　索引：1/2/ビスジアゾ-二脱離

注：「ビス（bis）」（この場合は，構造命名法の場合と同様に，立体の文字を使う）をここで用いるのは，数字を示す接頭辞で始まる基の前に数字を示す接頭辞をつけた場合に「ジジアゾ」のようになってしまうことを避けるためである．これは，規則3.2.1.2に記載され例3に示されているイタリックにした「ビス（*bis*）」とははっきり違う．イタリックの「ビス（*bis*）」は多重の変換が起こっていることを示すものである．

6

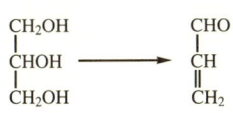

CH₂OH　　　　　CHO
｜　　　　　　　｜
CHOH　　→　　CH
｜　　　　　　　‖
CH₂OH　　　　　CH₂

口述・記述：1/*O*,2/ジヒドロ, 3/4/ジヒドロキシ-二脱離
　　索引：1/*O*,2/*C*-ジヒドロ, 3/*C*,4/*C*-ジヒドロキシ-二脱離

7

$CH_3CONH_2 \longrightarrow CH_3CN$

口述・記述：*NN*-ジヒドロ, *C*-オキソ-二脱離
　　索引：1/1/*N*-ジヒドロ, 2/*C*-オキソ-二脱離

注：口述・記述の命名で炭素の記号 C を省略するのは，この例では推奨できない．最初に NN として強調した点にあとでも対応する必要がある．

8
(CONH₂)₂ ⟶ NC–CN
1/1/N,4/4/N-テトラヒドロ,2/C,3/C-ジオキソ-四脱離

9
PhCH₂–CHOH–CH₂CH₂–CHOH–CH₂–CHOH–CH₃
⟶ PhCH=CH–CH₂CH₂–CH=CH–CH=CH₂

索引用としては，これは 2 個の独立の変換，つまり一脱離 1 個と二脱離 1 個として命名しなければならない．

口述・記述の場合には規則 3.2.2.2 を適用して（しなければならないというわけではない），トリス（ヒドロ,ヒドロキシ-脱離）と命名することが可能である．

4　付着および脱着の変換

付着（attachment）とは，基質が，もう 1 つの分子種との間に 1 個（1 個に限る）の 2 中心結合（単結合または多重結合）をつくって，別の実在物になる変化のことをいう．このさい，基質には結合順（connectivity）* に変化がないものとする．基質に付着する分子種の元が何であったかは，変換の命名には関係がない．脱着（detachment）とは，付着の逆変化である．一般に，これら変換の命名は口述・記述でも索引用でも同じである．しかし，現在一般に使われている用語と矛盾がないときは，「付着」あるいは「脱着」の代わりに，もっとはっきりとした意味をもつ特定の用語（たとえば「配位」や「会合」あるいは「ヘテロリシス」や「ホモリシス」など）を使うこともできる．

4.1　付着の変換

この変換の名称は，(a)基質に付着することになる分子種の名称，(b)ついで「-付着　（-attachment）」よりなる．

4.1.1　付着する分子種の命名

付着する分子種は，その変換において起こる電荷の釣合いがとれるように行う．つまり，たとえば H_3C^+，$H_3C\cdot$，H_3C^- の基質からブロモメタンが生成する変換では，付着する分子種は，その起源が何であれ，それぞれ臭化物イオン，臭素原子，臭素（1+）イオンでなければならない．

付着する分子種は，たとえ単離される生成物が命名される方法と違っていても，基質に付着する位置を指示する方法で記述する．両性イオンやラジカルは，それらが生成物の中でとる構造をもともともっていたとして命名し（表 1 と例 9 および 10 を比較してみよ）．付着する分子種名の前にカッコに入れた位置番号をつけて，付着の位置を示す（例：11b）．

* 結合順と結合次数との間には直接の関係はない（文献 2，p. 1304）．たとえば，Br^- がアリルカチオンに付着するとき，アリル部分では π 結合次数に変化が起こる．しかし，結合順に起こる変化といえば，C–Br 結合ができることだけである．

例：
1
$Ph_3C^+ \longrightarrow Ph_3C-OH$
ヒドロキシド-付着

注：Ph_3C^+ の Ph_3C-OH への変換は，いろいろな方法（たとえば，OH^-，H_2O，$HOCO_2^-$ を試剤として使うことができる）で行われるにしても，どれも結果は同じである。

2
$CH_3CO_2^- \longrightarrow CH_3COOH$
O-ヒドロン-付着

3
$Me_3P \longrightarrow Me_3P=O$
P-酸素付着

4
$ArN_2^+ \longrightarrow ArN=N-O^-$
N-オキシド-付着

5a
$Me_2S \longrightarrow H_2C=SMe_2$
S-メチレン-付着

5b
$CH_2 \longrightarrow CH_2=SMe_2$
ジメチルスルフィド-付着

注：Me_2S と CH_2 との「反応」は，付着変換の立場からすると2つの見方が可能である。しかし，ジメチルスルフィドを基質とすると $Me_2S+CH_2N_2$ の変化は付着であるのに対し，ジアゾメタンの変換と見るとそれは置換である。

6a
$C_6H_5 \cdot \longrightarrow C_6H_5Br$
臭素-付着

6b
$C_6H_5 \cdot \longrightarrow C_6H_5Br^{\cdot-}$
臭化物-付着

7
$Ph_2C=O \longrightarrow Ph_2\overset{+}{C}=\overset{-}{O}-AlCl_3$
O-トリクロロアルミニウム-付着

8
$(CH_3)_3C^+ \longrightarrow (CH_3)_3C-NCO$
イソシアナト-付着

(規則 4.1.1：「イソシアナト」はシアナト種が窒素原子で付着することを示す)

9

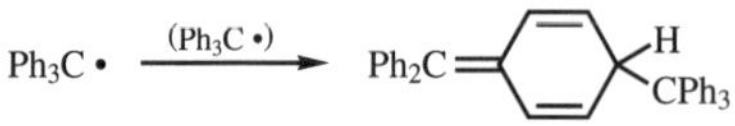

Ph₃C• —(Ph₃C•)→ Ph₂C=⟨⟩=CH-CPh₃(H)

この例では，2つの異なる変換が考えられる。

(トリフェニルメチルラジカルの C-5 への) トリフェニルメチル-付着
(トリフェニルメチルラジカルの C-1 への)
4-(ジフェニルメチレン)シクロヘキサ-2,5-ジエニル-付着

10a

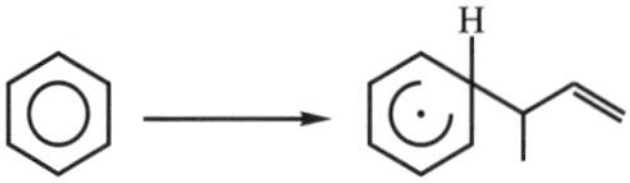

[1-メチルアリル]-付着

10b

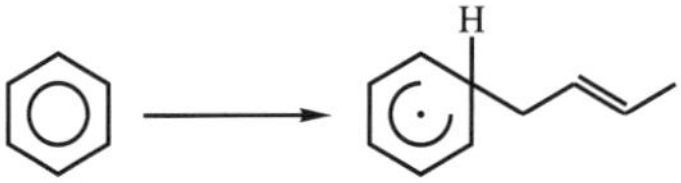

[2-ブテン-1-イル]-付着

11a

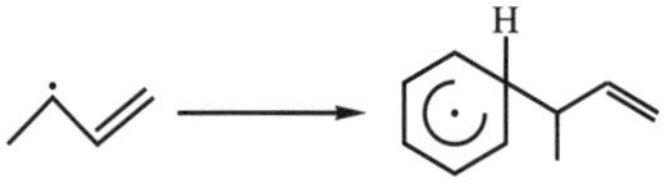

ベンゼン-付着

11b

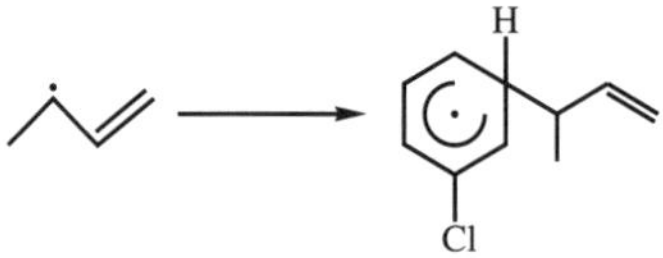

(3)クロロベンゼン-付着

4.2 脱着（detachment）

この変換の名称は，(a)基質から脱着する分子種の名称，(b)接尾辞「-脱着（-detachment）」よりなる。

4.2.1 脱着する分子種の命名

脱着した分子種は，この変換で起こる電荷の釣合いがとれるように命名する（規則4.1.1）。

例：
1
$CH_3COOH \longrightarrow CH_3CO_2^-$
O-ヒドロン-脱着

2
$Ph-N=N-OH \longrightarrow Ph-N_2^+$
N-ヒドロキシド-脱着

3
$[Cp(CO)_2FeCH_2OMe_2]^+ \longrightarrow [Cp(CO)_2FeCH_2]^+$
［ジメチルエーテル］-脱着

4
臭素(1+)イオン-脱着

5
$(CH_3)_3C-OCOCH_3 \longrightarrow (CH_3)_3C^+$
アセタト-脱着またはエタノアト-脱着

6
$N_2CHCOOEt \longrightarrow :CHCOOEt$
［二窒素］-脱着

7
$CH_3-CH_2\cdot \longrightarrow CH_2=CH_2$
水素-脱着または一水素-脱着

5 簡単な転位

5.1 規則の範囲

　この規則によって命名する変換は，1つの基がそのついていた位置を変えるもので，その他の変化が付随するか否かは問わない。アリル転位は含まれない。これは別に規則1.4で取り扱われている。環が閉じたり開いたりする変換は，別に規則8で取り扱われる。複雑な転位は，この規則に付録としてつけた表の中に示されている。
　この規則によって命名される変換は，変換によって起こるπ結合の位置の変化については触れない。

5.2 単純な位置移動のみが起こる転位

5.2.1 単純移動（simple migration）

　この名称は，(a)移動する基が元ついていた位置（位置番号1/とする）と移動する先の位置（矢印──を間に入れる）の表示，(b)移動する基の名称，(c)接尾辞「-移動（-migration）」でつくる。口述の場

合には矢印は「A から B へ（A to B）」というように発音する。

例：
1

$Me_3N^+-O^- \longrightarrow Me_2N-OMe$

$1/N \rightarrow 2/O$-メチル-移動

2

$Pr_3B^--C\equiv O^+ \longrightarrow Pr_2B-CO-Pr$

口述・記述：$1/B \rightarrow 2/$プロピル-移動

索引：$1/B \rightarrow 2/C$-プロピル-移動

3

PhC=CH$_2$ | OMe ⟶ PhC—CH$_2$ ‖ O Me

口述・記述：$1/O \rightarrow 3/$メチル-移動

索引：$1/O \rightarrow 3/C$-メチル-移動

5.2.2 交換移動（interchange migration）

この転位は2つの基が，そのついていた位置を交換するものである。名称は，(a)位置番号 1/ の次に序列規則で優先性の低い移動基の名称，(b)優先性の高い移動基のついていた位置番号とその名称，(c)接尾辞「-交換（-interchange）」からなる。

例：
1

$Ph_3C-CO-Me \longrightarrow Ph_2CMe-CO-Ph$

$1/$メチル, $2/$フェニル-交換

2

MeN−CH$_2$CH$_2$−O | | Ac H ⟶ MeN−CH$_2$CH$_2$−O | | H Ac

$1/O$-ヒドロ, $4/N$-アセチル-交換

3a

RCH−CH$_2$CH$_2$CH$_2$−NR' | | H Cl ⟶ RCH−CH$_2$CH$_2$CH$_2$−NR' | | Cl H

3b

（Cl-フェニル-N(Ac)H → H-フェニル(p-Cl)-N(Ac)H）

どちらも，$1/C$-ヒドロ, $5/N$-クロロ-交換の例である。

5.2.3 その他多数の移動（migration）が起こる変換

1つの変換のなかで2つ以上の移動が起こりしかも移動基が単に位置を交換するものでない場合には，その変換を多移動（multi-migration）として命名する．例を次に掲げる．

例： Ph₂C—CMe → PhC—CMePh
　　　｜　　｜　　　　　｜　　　｜
　　　HO　O　　　　　　O　　OH

$1/O → 4/O$-ヒドロ,$2/C → 3/C$-フェニル-ビス移動

5.3 [x, y] シグマトロピー転位（sigmatropic rearrangement）（x, y＝1 の場合）

この変換の名称は次の形をとる．(a-b) → (c-d)-*sigma*-移動（migration），ただし a と b は移動するシグマ結合によってもと結ばれていた原子の位置番号，c と d はシグマ結合が移動した原子の位置番号である．

注1：ここで用いている「シグマトロピー」は機構的な意味をもっていない．

注2：シグマトロピー的に水素が移動するものやその他 [1, x] 転位については規則 5.2.1 によって命名する．

5.3.1　口述・記述で非公式の使用では，[x, y]*sigma*-移動の形でよいことにする．ただし，x と y は，シグマ結合が移動する両端の間に入る原子の数を表す（例2参照）．

5.3.2　口述・記述では，すべて炭素原子からなる基質と比較する場合には，元素記号は省略してもよい（例3参照）．

例：

1

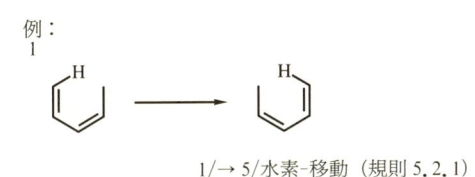

$1/→5/$水素-移動（規則 5.2.1）

2

$(3/4/)→(1/6/)$-*sigma*-移動
$[3, 3]sigma$-移動（非公式使用）

3

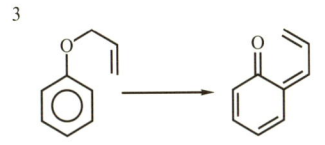

口述・記述： $(3/O$-$4/)→(1/6/)$-*sigma*-移動または
　　　　　すべて炭素の基質と比較するときには　$(3/4/)→(1/6/)$-*sigma*-移動

または（非公式に）[3,3]*sigma*-移動

索引：(3/*O*-4/*C*)→(1/*C*-6/*C*)-*sigma*-移動

注：例2および3では，位置番号は基質中で連続した原子の鎖に沿ってつけた番号になっている。規則0.3(a)は適用できない。番号づけの向きは規則0.3 (b, c) によって決まっている。

5.4 置換をともなう移動

この名称は，転位のない置換の命名に基づいて次のような修正をしてつくる。
(a) 入ってくる基の位置は，離脱基の位置を1/として決める，
(b) イタリックの [*migro*-] を「置換」の前につける，
(c) 移動は *migro* のすぐ前にカッコにいれて記述する，
(d) 移動基がもとあった位置の番号を書き，ついで矢印，その次に移動する先の位置番号, (e) 移動基の名称。

5.4.1 口述・記述の場合には，「(2/→1/ヒドロ)-*migro*」の代わりに「*cine*」を使ってもよい。この場合には，最初の位置番号 2/は省略する。この使用法は芳香族基質の場合にはよく使われているが，別に芳香族に限るわけではない。

例：
1 CH₃CH₂CH₂Br ⟶ CH₃CHCH₃
                          |
                          Ph

口述・記述：フェニル-de-ブロモ-*cine*-置換

索引：2/フェニル-de-ブロモ-(2/→1/ヒドロ)-*migro*-置換

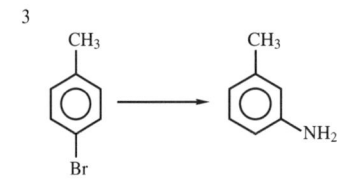

2 CH₃COCH₂Cl ⟶ EtOCOCH₂CH₃

2/エトキシ-de-クロロ-(2/→1/メチル)-*migro*-置換

3

口述・記述：アミノ-de-ブロモ-*cine*-置換

索引：2/アミノ-de-ブロモ-(2/→1/ヒドロ)-*migro*-置換

5.5 付加，脱離，付着，脱着，その他の変換をともなう移動

名称は，それぞれ移動をともなわない変換の名称をもとにして，次の修正を加えてつくる。
(a) イタリックの「*migro*-」を変換の型を示す接尾辞の前につけ，

(b) 移動は「*migro*」の直前にカッコにいれて示す。このさい，(ⅰ) 移動基が元あった位置と動く先の位置のあいだに矢印を挿入し，(ⅱ) 移動基の名称を置く。

例：
1
$$Ph\text{-}CO\text{-}CO\text{-}Ph \longrightarrow Ph_2C(OH)CO_2^-$$
　　口述・記述：1/*O*-ヒドロ,3/オキシド-(1/→2/フェニル)-*migro*-付加
　　索引：1/*O*-ヒドロ,3/*C*-オキシド-(1/*C* → 2/*C*-フェニル)-*migro*-付加

2
$$Me_3C\text{-}CH_2Cl \longrightarrow Me_2C=CHMe$$
　　1/ヒドロ,1/クロロ-(2/→1/メチル)-*migro*-脱離

3
$$\underset{\underset{HO\;\;OH}{|\;\;\;\;\;|}}{Me_2C\text{—}CMe_2} \longrightarrow Me_3C\text{-}CO\text{-}Me$$
　　口述・記述：1/*O*-ヒドロ,3/ヒドロキシ-(2/→3/メチル)-*migro*-脱離
　　索引：1/*O*-ヒドロ,3/*C*-ヒドロキシ-(2/*C* → 3/*C*-メチル)-*migro*-脱離

4
$$Me\text{-}CO\text{-}CHN_2 \longrightarrow O=C=CHMe$$
　　二窒素-(2/→1/メチル)-*migro*-脱着

5
$$(PhCH_2)_4N^+ \longrightarrow PhCH_2CHPh\text{-}N(CH_2Ph)_2$$
　　口述・記述：ヒドロン-(2/*N* → 1/ベンジル)-*migro*-脱着
　　索引：ヒドロン-(2/*N* → 1/*C*-ベンジル)-*migro*-脱着

6　カップリングとアンカップリング

6.1　規則の範囲

　この規則は $2A\text{-}B \longrightarrow A_2$ のような変化を扱うためにつくられたものである。この変換は形式上，規則2によって置換，A-de-B-置換，として命名できるものであるが，このような名称では，この変換に特有な対称性を表せていない。この点を強調するため，「カップリング」の名称を用いることにする。同様にして，$A_2 \longrightarrow 2A$ の変化も規則4.2によって「A-脱着」と命名できるのであるが，このさいも特別に「アンカップリング」の名称を用いたほうがその対称性をよく表現することができる（規則1.3に述べた「集合」置換とも比較してみるとよい）。

　この規則は，真に対称な変換にのみ適用できるものである。たとえば，$2Ph\text{-}Br \longrightarrow Ph_2$ はカップリングであるが，$2Ph\text{-}N_2^+ \longrightarrow Ph\text{-}N=N\text{-}Ph$ はカップリングではない。あとの例では，生成物中の窒素原子が両方の分子種から対称的に出てくるわけではないからである。このような変換は $Ph\text{-}N_2^+ \longrightarrow Ph\text{-}N=N\text{-}Ph$ と表すべきもので（なぜなら，ジアゾニウム種1つだけが基質であるから），規則1または2によって，「*N*-ベンゼニド-付着」または「フェニルアゾ-de-ジアゾニオ-置換」と

命名される。ある変化の対称性は，一般性のレベルが違うと異なる判断をされることがある。たとえば，Ph-Cl+PhBr⟶Ph$_2$ の変化では異なるハロゲンが特定されているから，これを対称変換というわけにはいかない。しかし，一般式のレベルで 2Ph-Hal⟶Ph$_2$ と書くと，これは対称的である。同様にして，C$_6$H$_5$Br+CH$_3$C$_6$H$_4$Br⟶C$_6$H$_5$-C$_6$H$_4$CH$_3$ はカップリングではないが，これを一般式にした 2ArBr⟶Ar$_2$ はカップリングである。カップリングとして取り扱われる変換では，基質は化学量論係数 2 をもっている必要があり，生成物は新しくできた結合に対して対称でなければならず，生成物を半分にすれば，それらはまったく同じでなければならない。アンカップリングとして取り扱われるためには，開裂する結合に関して，基質が対称である必要があり，生成物は化学量論係数 2 をもって出現しなければならない。

　これらの変換では，たいていの場合，対称性のために，付着または脱着する分子種は対応する酸化度に基づく名称が与えられる（表1参照）。すなわち，規則6.2.1の例1では，2PhBr から Ph$_2$ への変換は，その機構がどうであるかに関係なく，臭素原子がそれぞれの基質分子からとれ，残りのフェニルラジカルがカップリングしたものとして扱う。しかし，2個以上の基がはずれたり（規則6.2.1の例8），ついたり（規則6.3.2の例）するか，いくつかの基がついたり離れたりする（規則6.4の例1）ときには，酸化度に関する情報はないので，基の名称（表1）をそのまま書く。

6.2　脱着をともなうカップリング（coupling）

　これは1つ以上の1価もしくは多価基（あるいは分子種）が，2個の基質分子から同等にとれて，基質の残りの部分が結合する変化である。

6.2.1　離脱する基もしくは分子種がついていたのと同じ場所でカップリングが起こるときは，次のようにして命名する。(a)綴字 de-，(b)離脱する基または分子種の名称，(c)接尾辞「-カップリング（-coupling）」。

例：
1
　　2 C$_6$H$_5$Br ⟶ C$_6$H$_5$-C$_6$H$_5$
　　　　　　　　　de-臭素-カップリング

2
　　2 C$_6$H$_5$COCH$_3$ ⟶ C$_6$H$_5$COCH$_2$-CH$_2$COC$_6$H$_5$
　　　　　　　　　de-水素-カップリング

3
　　2 CH$_3$CH$_2$SH ⟶ CH$_3$CH$_3$S-SCH$_2$CH$_3$
　　　　　　　　　S-de-水素-カップリング

4
　　2 Pr$_2$C=NNH$_2$ ⟶ Pr$_2$C=N-N=CPr$_2$
　　　　　　　　　N-de-アミニル-カップリング

5
　　2 CH$_3$CH$_2$CH=O ⟶ CH$_3$CH$_2$CH=CHCH$_2$CH$_3$

第 1 章　有機化学変換の命名法

　　　　　　　　　de-酸素-カップリング

6
　2 Ph$_2$C=N$_2$ ⟶ Ph$_2$C=CPh$_2$
　　　　　　　de-二窒素-カップリング

7
　2 [1,3-ジチオラン-2-チオン] ⟶ [ビス(1,3-ジチオラン-2-イリデン)]
　　　　　　　de-硫黄-カップリング

8
　2 (C$_6$H$_5$)$_2$CHCl ⟶ (C$_6$H$_5$)$_2$C=C(C$_6$H$_5$)$_2$
　　　　　　　de-ヒドロ, クロロ-カップリング

9
　2 C$_6$H$_5$NO$_2$ ⟶ C$_6$H$_5$N=NC$_6$H$_5$
　　　　　　　N-de-ビス酸素-カップリング

　注：「ビス酸素」という用語は 2 個の別々の酸素原子を意味しており，これに対して「二酸素」という用語は分子状の O$_2$ を意味する。

10
　2 C$_6$H$_5$CO–OO–C(CH$_3$)$_3$ ⟶ C$_6$H$_5$–C$_6$H$_5$
　　　　　　　de-[$tert$-ブチルペルオキシカルボニル]-カップリング

11
　2 (CO)$_5$W=C(C$_6$H$_5$)$_2$ ⟶ (C$_6$H$_5$)$_2$C=C(C$_6$H$_5$)$_2$
　　　　　　　de-[ペンタカルボニルタングステン]-カップリング

6.2.2　もしカップリングの位置が，離れていく基または分子種が元ついていた位置と異なるときは，離れていく基または分子種の前に，適切な位置番号をつけ，カップリングの位置は 1/とするが番号は書かない(これは規則 0.3 の例外である)。反応の中心が炭素でない場合には，規則 0.3.1 に従って適切な元素記号をつけ，カップリングの位置にある記号を接尾辞「-カップリング」の直前に置く。

　例：
　　2 CH$_3$–C=CMe$_2$ ⟶ CH$_3$–C–CMe$_2$–CMe$_2$–C–CH$_3$
　　　　 |　　　　　　　　　 ‖　　　　　　　 ‖
　　　OSiMe$_3$　　　　　　 O　　　　　　　 O
　　　　　　索引：de-3/O-トリメチルシリル-C-カップリング
　　　　　　口述・記述：de-3/O-トリメチルシリル-カップリング

6.3 付着のともなうカップリング

この変換は 2 個の不飽和基質に 1 個以上の 1 価または多価の基や分子種がついて，そうしてできたフラグメントが不飽和系の一部であった部分でカップリングをするものである。

6.3.1 付着が 1 か所でのみ起こるときはその名称は次のものからなる。

(a) 付着する基または分子種の名称とその前にカップリングが起こる場所からの相対的な位置番号をつけたもの，このさいカップリングの起こる位置は 1/ とするが命名には書かない（これは規則 0.3 の除外例である），

(b) 接尾辞「-カップリング」。

規則 6.2.2 もこの変換に適用される。

例：

1

$$2\ Me_2CO \longrightarrow Me_2C\underset{HO}{-}CMe_2\underset{OH}{} $$

索引：2/O-水素-C-カップリング

口述・記述：2/O-水素-カップリング

2

$$2\ H_2C=C(Me)COMe \xrightarrow{(EtCO_2Na)} Et-CH_2-\underset{MeCO}{\overset{Me}{C}}-\underset{COMe}{\overset{Me}{C}}-CH_2-Et$$

2/エチル-カップリング

3

$$2\ C_6H_5C\equiv CCH_3 \longrightarrow C_6H_5CH=\underset{CH_3}{\overset{CH_3}{C}}-C=CHC_6H_5$$

2/水素-カップリング

4

$$2\ CH_3CH=CH-CH=CH_2 \longrightarrow CH_3CH_2CH=CH-CH_2-CH_2-CH=CH-CH_2CH_3$$

4/水素-カップリング

6.3.2 もし付着が 2 か所以上で起こるときは，規則 6.3.1 を修正して適用し，カップリングの位置が付着の位置の間にあるときは，位置番号 1/ は付着位置のいずれかに与えられる（このさい，番号 1/ は規則 0.3 によって選定する）。そして用語「-カップリング」の前に適切な位置番号をつける。

例：

$$2\ CH_3CH=C=CH_2 \longrightarrow \underset{CH_3}{\overset{CH_3CH_2}{}}C=\underset{CH_3}{\overset{CH_2CH_3}{}}C$$

1/3/ジヒドロ-2/カップリング

第1章　有機化学変換の命名法

6.4　付着と脱着をともなうカップリング

この変換は，規則6.2および 6.3を適用し，付着する基を先に，脱着する基をあとに書いて適切な用語を組み合わせて命名する。すべての付着と脱着がカップリングの位置に起こるのでなければ，位置番号1は省略できない（例1参照）。

例：
1

$$2\ CH_3\text{-}COOEt \xrightarrow{(Me_3SiCl)} CH_3\text{-}C=C\text{-}CH_3$$
$$\qquad\qquad\qquad\qquad\qquad |\ \ \ \ |$$
$$\qquad\qquad\qquad\qquad Me_3SiO\ OSiMe_3$$

索引：2/O-トリメチルシリル-1/C-de-エトキシ-カップリング
口述・記述：2/O-トリメチルシリル-1/de-エトキシ-カップリング

2

$$2\ PhNO_2 \longrightarrow PhNH\text{-}NHPh$$

N-水素-de-ビス酸素-カップリング

注：この比較的異常な例では，反応機構について述べるつもりはないにしても，付着および脱着分子種の酸化状態を示すことが不可避である。「ビス酸素」の用語は，「二酸素」が酸素分子を意味するに対して，2個の別々の酸素原子が関係することを示している。

6.5　アンカップリング（uncoupling）

この変換は，対称な基質が2つの同じ部分に別れるものである。別れてできたフラグメントは，そのあと付着，脱着またはその両方の変化を行う。

その名称は次のようにしてつくる。
(a)　付着する基または分子種の名称，
(b)　脱着するものがあれば，その基または分子種の名称を綴字「de」のあとにつけ，そして
(c)　接尾辞「-アンカップリング　(-uncoupling)」。

位置番号はカップリングと同じようにしてつける（規則6.2-6.4）。

例：
1

$$Me_3C\text{-}S\text{-}S\text{-}CMe_3 \longrightarrow 2\ Me_3C\text{-}SH$$

S-水素-アンカップリング

2

$$PhC\equiv CPh \longrightarrow 2\ PhCOOH$$

ヒドロキシ,オキソ-アンカップリング

3

$$BrCH_2CH_2CH_2CH_2Br \longrightarrow 2\ CH_2=CH_2$$

2/de-臭素-アンカップリング

47

4
$(CH_3)_2C-C(CH_3)_2 \longrightarrow 2(CH_3)_2C=O$
　　|　　|
　　HO　OH

　　　　索引：2/O-de-水素-C-アンカップリング
　　　　口述・記述：2/O-de-水素-アンカップリング

5
　　PhCH=CHPh $\longrightarrow$ 2 PhCOOH
　　　　ヒドロキシ,オキソ-de-ヒドロ-アンカップリング

7　挿入と放出

7.1　挿入（insertion）

　挿入とは，2価の基（-I-）が，基質の中で互いに共有結合した2個の原子の間に割って入る変換である。この基は，次の一般式で表せば，基質中の2つのフラグメント（XとY）に結合するようになる。

　　　　X–Y $\longrightarrow$ X–I–Y

　変換の命名は機構とは独立のものであるから，挿入はまた置換と考えることもできる。XかYのどちらかが基質から離れ，生成物では，それが反応物または溶媒からの同じ基によって置換されているとき（たとえば，同位体標識によってわかる），その変換を置換として見た名称が一般には推奨される。

　通常，「挿入」という用語は2つの成分XとYがもともと単結合で結合している場合に適用されるものである。この規則は二挿入（biinsertion）にも拡張できる。その例は次のとおり。

$$X = Y \longrightarrow \begin{array}{c} I \\ X \diamond Y \\ I' \end{array}$$

　次の一般型で示される変換ではXとYとの結合順には変化がないから，挿入ではない。

$$X = Y \longrightarrow \overset{Z}{X\!-\!Y}$$

これは閉環として命名される（規則8.4）。

7.1.1　一挿入（monoinsertion）の名称は次のものからなる。
　(a)　結合が切れる2個の原子の元素記号をイタリックにしたもの（原子番号の大きいものを先に書く。もしどちらの原子も炭素なら記号は省略），
　(b)　基質に挿入される2価の基名，そして
　(c)　接尾辞「-挿入（-insertion）」。

例：
1
$Me_3C-C_6H_4-CMe_3 \longrightarrow Me_3C-C_6H_4-CO-CMe_3$

カルボニル-挿入

2
$CH_3-CO-CH_3 \longrightarrow CH_3-CO-NH-CH_3$

イミノ-挿入

3
$(CH_3)_3C-H \longrightarrow (CH_3)_3C-N-H$
$\qquad\qquad\qquad\qquad |$
$\qquad\qquad\qquad\quad COOEt$

CH-[エトキシカルボニルイミノ]-挿入

4

CH-($^2H_2$)メチレン-挿入

5
$Me_2C=C-Pr \longrightarrow Me_2C=C-Pr$
$\quad\;\; | \qquad\qquad\qquad\quad |$
$\quad\;\, SH \qquad\qquad\qquad S-CH=CMe_2$

特定名：SH-[2-メチルプロペン-1,1-ジイル]-挿入
一般名：SH-[アルカン-1,1-ジイル]-挿入

6

特定名：OO-パラジオ-挿入
一般名：OO-メタロ-挿入

7
$Me_3Sn-H \xrightarrow{(O=\!\!\!\!\bigcirc\!\!\!\!=O)} Me_3Sn-O-\!\!\!\bigcirc\!\!\!-OH$

SnH-[1,4-フェニレンジオキシ]-挿入

7.1.2 二挿入（biinsertion）は，一挿入を規則 7.1.1 で命名したのと同様に行うが，次の修正を行う．
 (a) 最初のイタリック元素記号をカッコにいれ下付の「2」を付す，
 (b) 挿入される2つの分子種が同じ場合にはその名前の前に「ビス」をつけ，同じでなければそ

れらの名前をコンマで区切り（名前が複雑なときにはそれぞれ別の大カッコにいれる），
 (i) 付着位置間の鎖が長いほうを先に，それでも決まらないときは，
 (ii) その位置の原子番号の大きい順に並べ，
 (iii) 接尾辞「-二挿入（-biinsertion）」を付す．

例： Me₂C=CMe₂ $\xrightarrow{(O_3)}$
（構造式：Me₂C–O–O–CMe₂ からなる五員環，Me₂C と CMe₂ は O で橋渡し）

オキシ,ペルオキシ-二挿入

7.2 放出（extrusion）

放出とは，もともと基質の中で2つの原子に結合していた2価の基（-E-）が追い出され，その結果，それら2つの原子の間に結合ができる変化のことをいう．

$$X-E-Y \longrightarrow X-Y$$

変換の命名は機構とは別のものであるから，放出は置換の1種と考えることができる．XかYのどちらかが基質から離れ，生成物では，反応物からか溶媒からきたそれと同じ基によって（たとえば同位体標識によって区別できる）置換されていれば，置換として考えた変換名のほうが適当である．

通常，「放出」の用語は，XとYの間に単結合ができることを意味している．この規則は次の型の二放出（biextrusion）にも拡張できる．

（構造式：X と Y が E および E' で橋渡しされた四員環 → X=Y）

次の型の変換は，XとYの間の結合順には変わりがないから放出とはいわない．これは開環の規則8.5によって命名される．

（構造式：X–Y が Z で橋渡しされた三員環 → X=Y）

7.2.1 一放出（monoextrusion）の名前は次のものからなる．
 (a) 直接結合することになる2つの原子のイタリックの元素記号，順序は原子量の大きいものを先にする（どちらも炭素なら記号は省略），
 (b) 基質から放出される2価の基の名称，そして
 (c) 接尾辞「-放出（-extrusion）」．

例：
1

Ph-CH=CH-CH2-SO2-CH2-Ph ⟶ Ph-CH=CH-CH2-CH2-Ph

スルホニル-放出

2

Ph-N=N-CPh3 ⟶ CPh4

アゾ-放出

3

（構造図）⟶（構造図）

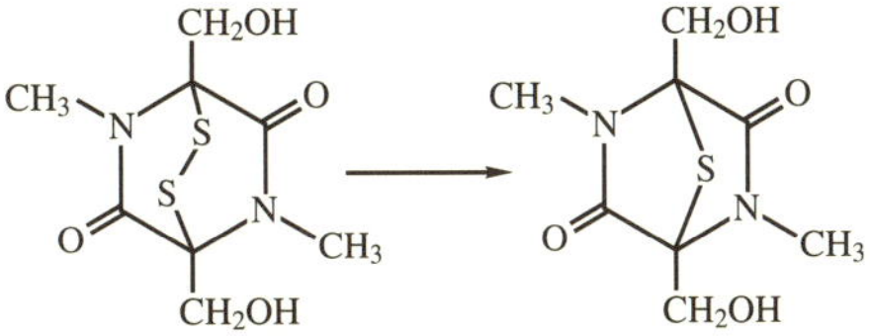

SC-チオ-放出

7.2.2 二放出（biextrusion）は，規則 7.2.1 に述べた一放出の命名に準じて命名する。そのさい次の修正を行う。

(a) 最初のイタリック体の元素記号をカッコにいれそれに下付の「2」をつける，
(b) 2つの放出される分子種は規則 7.1.2 によって取り扱う，そして
(c) 接尾辞「-二放出（-biextrusion）」をつける。

例：
1

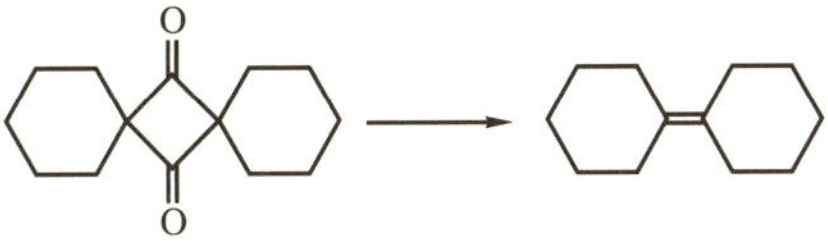

（構造図）⟶（構造図）

ビスカルボニル-二放出

2

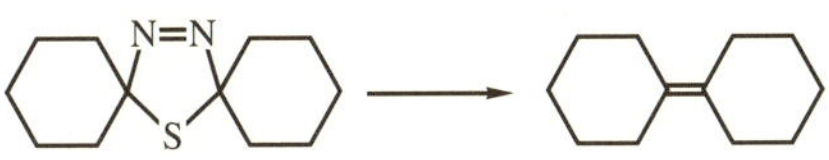

（構造図）⟶（構造図）

アゾ,チオ-二放出

3

（構造図）⟶（構造図）

(*NC*)$_2$-アゾ,チオ-二放出

8 閉環および開環

　この規則で扱う閉環は，鎖状分子の分子内環化（図8.1），基質内の1個の原子が反応種の中の2つの原子との間に2個の結合をつくる環化（図8.2），基質内の2個の原子と反応種の1個の原子との間に結合ができる環化（図8.3），あるいは基質内の2原子と反応種内の2原子との間に結合ができる環化（図8.4）のいずれかである。開環はこの変換の逆過程である。

　すでに存在する環の大きさが，その変換によって変わるものは非環状変換の規則によって命名される。またいくつかの例は複雑な変換の表（第9節）に見られる。

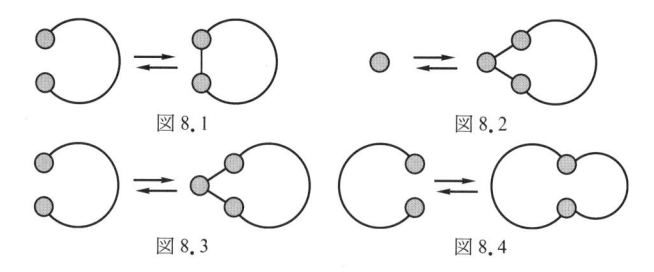

図8.1　　図8.2

図8.3　　図8.4

8.1　一般的考察

8.1.1　すべての閉環および開環の名称は，相当する非環状基質の変換と同様で，その前に，閉環の場合には接頭辞「*cyclo*」を，開環の場合には接頭辞「*seco*」をつけて示すことにする。分子内の閉環（図8.1）については同じ種が基質でもあり反応種でもある。そして「前文」では変換の名称は基質の本質とは独立であることを述べているから，この変換の名称は，一般名に限られることになる。

8.1.2　多重結合への付加が起こり，その結果として環化が起こる場合で，一方は当然環の1員となるが，他方の付加位置の原子も新しい環の1員となる場合には，口述・記述では，名称の前に接頭辞「*endo*」をつけて示すことができる。それに対して一方の原子だけが環の1員となるときは接頭辞「*exo*」を用いることができる。開環脱離のときにも，これらの接頭辞を用いて示すことが可能である。

8.1.3　新しい結合（閉環の場合）あるいは開裂する結合（開環の場合）の両端にある原子のイタリック体元素記号は，変換の名称の最初につける。そのときの順序は原子番号の大きいものを優先する。分子間の変換（図8.2-8.4）では，2対の元素記号がコンマで隔てられる。関与する原子がすべて炭素である場合には，記号は省略する。また文意から変換の性質が明らかなときには，とくに非公式の口述では，その他の記号を全部省略することも許容される（規則8.4.1の例1，8，9および規則8.5.1の例2および規則8.5.2の例1参照）。

8.1.4　環の大きさ

　口述・記述名では，環の大きさは名称の前にカッコにいれた数字によって示すこともできる。分

子内の変換（図 8.1）では，環の大きさは 1 個の数字で足りる．2 個あった環が開環して 1 個の大きな環になるときまたはその逆で閉環が起こって 1 個の環が 2 個になるときは，一方の環の大きさだけか両方の環の大きさ（このときは小さいほうを先にコンマで区切る）を用いることができる．分子間の場合には (m+n) の形で 2 個の数字を用いる．ただし，m は反応種から来る（閉環に参加する）原子の数または基質が開環にさいして失う環員原子の数であり，n は閉環に当たっては基質から来る環員原子の数，開環にさいしては生成物に残る環員原子の数である．規則 8.4 と 8.5 に示された例を比較されたい．環の大きさがいろいろなものをまとめて命名するときには（たとえば，一連のヒドロキシカルボン酸の *cyclo*-アルコキシ-de-ヒドロキシル化，つまりラクトン化），n および（または）m の文字を使うことができる．

8.1.5　電子環状開環および閉環や，付加環化および環状脱離においては，その変換にともなう π 結合の形式的な転位は，名称には現れてこない．しかしカッコにいれて文章で示すことは可能である（規則 8.2.1，例 2 参照）．

8.2　分子内環化（図 8.1）
8.2.1　分子内付着による環形成

この変換の名称は，(a)規則 8.1 による適切な接頭辞と(b)「- *cyclo*-付着」よりなる．付着の変化が共役多重結合の両端に単結合をつくる形のものである場合には（環状電子閉環），新しい結合ができるそれぞれの相対的な位置を「*cyclo*」のあとにつけて表す．

例：
1

口述・記述：(4) *PO-cyclo*-付着

索引：*PO-cyclo*-付着

2

口述・記述：(4) *cyclo*-1/4/付着 または *cyclo*-1/4/付着

（π-移動をともなう 1,3-ブタジエン分子内の）（規則 8.1.5 参照）

索引：*cyclo*-1/4/付着

3

口述・記述：(5) *cyclo*-1/5/付着

索引：*cyclo*-1/5/付着

4

口述・記述：(4) *cyclo*-1/4/付着

索引：*cyclo*-1/4/付着

注：第二の閉環があることは，口述・記述では接頭辞 (4, 5) を用いて示してもよい。これは，とくに5員環に注意を引く必要がある場合にのみ許される。

8.2.2 分子内付加，挿入あるいは置換を経て起こる閉環

多重結合やカルベン，ニトレンあるいはその他の電子欠乏種に付加が起こって閉環する場合には，他にどのような変換が関係していても，付加として命名する（例3）。付加としては命名できないが挿入として命名できるならば，それは挿入として命名する（例7）。その他はいずれも置換として命名する。もし2つの置換があってどちらででも命名できるときは，一般には離脱基が高い優先性をもっているもの（規則0.2）によって命名する（例9）。

名称は次のようにしてつくる。2か所の閉環位置は，直接鎖につながれてはいないものとして取り扱い，一般的に命名する。変換の名称は非環状化合物の変換の規則によって決定する。そうしてできた名称に規則8.1によって接頭辞をつける。

例：

1

口述・記述：(6) *OC-endocyclo-N*-ヒドロ,*C*-アルコキシ-付加

索引：*OC-cyclo*-1/*N*-ヒドロ,2/*C*-アルコキシ-付加

2

口述・記述：(5) *OC-exocyclo-O*-ヒドロ,*C*-アルコキシ-付加

索引：*OC-cyclo*-1/*O*-ヒドロ,2/*C*-アルコキシ-付加

3

口述・記述：(5) *endocyclo*-ヒドロ,アリール-付加

索引：*cyclo*-ヒドロ,アリール-付加

第1章　有機化学変換の命名法

注：芳香環置換としては命名しない

4

口述・記述：(5) *NC-exocyclo*-1/1/*N*-ジヒドロ,2/アルキルイミノ-二付加
索引：*NC-cyclo*-1/1/*N*-ジヒドロ,2/*C*-アルキルイミノ-二付加

5

口述・記述：(3) *cyclo-CH*-[アルカン-1/1/ジイル]-挿入
索引：*cyclo-CH*-[アルカン-1/1/ジイル]-挿入

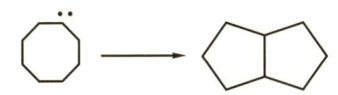

6

cyclo-CH-[アルカン-1/1/ジイル]-挿入

口述・記述では，必要ならこの名称に（5）または（5,5）の接頭辞をつけることもできる。

7

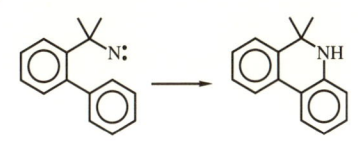

NC-cyclo-CH-イミノ-挿入

口述・記述では，(6) の接頭辞を用いてもよい。
注：芳香環置換としては命名しない。

8

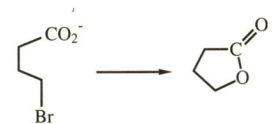

口述・記述：(5) *OC-cyclo*-アシルオキシ-de-ブロモ化
索引：*OC-cyclo*-アシルオキシ-de-ブロモ-置換

9

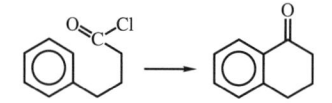

口述・記述：(6) *cyclo*-アリール-de-クロロ化のほうが
cyclo-アシル-de-水素化よりよい

索引：*cyclo*-アリール-de-クロロ-置換

10

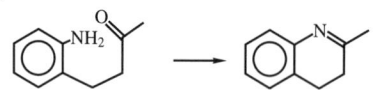

NC-*cyclo*-アリールイミノ-de-オキソ-二置換

口述・記述では接頭辞（6）をつけてもよい。

8.3 バラバラにならない（non-fragmenting）開環

（環がただ1か所のみで切れ，環をつくっていた原子が1本の連続した鎖になる開環，図8.1参照）

8.3.1 分子内脱着が関係する開環

この変化の命名は，(a)規則8.1によって決められた適切な接頭辞と，(b)「-*seco*-脱着」とでつくる．

その脱着が，1つの単結合が開裂し共役多重結合系が生成するもの（環状電子開環）ならば，開裂する結合があった場所の相対的位置は，共役系に沿って番号づけを行い，*seco* のあとにつけて示す．

例：

1

BrC-*seco*-脱着

口述・記述のさいには接頭辞（3）を使ってもよい．

2

seco-脱着

口述・記述には接頭辞（3,4）を使ってもよい．

3

seco-1/4/脱着

口述・記述には接頭辞（4）を用いてもよい。

4

seco-1/6/脱着

口述・記述には（3,6）を用いてもよい。

5

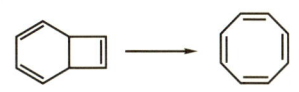

この変換は，（口述・記述の場合）次のいずれかで命名する。

(4,6) *seco*-1/4/脱着 または (4,6) *seco*-1/6/脱着

接頭辞（4,6）は，口述・記述ではつけてもつけなくてもよいが，索引ではつけない。

8.3.2　分子内脱離，放出あるいは置換を経由する開環

　もし脱離によって多重結合ができたりカルベン，ニトレンその他の電子欠乏性分子種ができるような結果になるなら，その変化は，その他にどのような変化が関係していようと，脱離として命名する。脱離ではないが放出として命名できるものは，放出として命名する。それ以外の場合には置換として命名する。2つの置換のうちどちらでも命名できるときは，通常，入ってくる基の優先性（規則 0.2 で定義された）が高いほうの変化を用いる。

　名称は，非環状変換に用いる規則に従って決定し，その変化の結果，開環が起こることを規則 8.1 で定める接頭辞によって示す。

例：
1

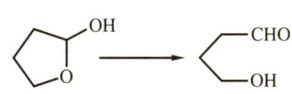

口述・記述：(5) *OC-exoseco-O*-ヒドロ, *C*-アルコキシ-脱離
索引：*OC-exoseco*-1/*O*-ヒドロ,2/*C*-アルコキシ-脱離

2

NC-*seco*-オキソ-de-アリールイミノ-二置換のほうが
NC-*seco*-ジヒドロ-de-アルキリデン-二置換よりよい。

口述・記述の場合には，接頭辞（6）をつけることができる。

8.4　分子間環化（図 8.2-8.4）
8.4.1　付加環化
　　　　（基質の π 結合が新しい σ 結合になって，反応種から来る 2 価の基とで環をつくる変化）
この変換の名称では，協奏的か協奏的でないかの区別はしない。
この変換の名称は次の部分からなる。
(a)　規則 8.1 に基づく適切な接頭辞，
(b)　基質に付加される基の名称，
(c)　付加が起こる基質内の相対的位置，および
(d)　接尾辞「-付加」。

　(1+2)の付加環化，すなわち基質内の隣合せの原子と付加子の 1 個の原子との間に結合ができて 3 員環が生成するときには，(1+2)*cyclo* の代わりに接頭辞「*epi*」をつけて示すことができる。

　この規則では小カッコは環の大きさを示す員数を入れることにしているが，これは，たとえば Diels-Alder の反応を表すのに [2+4] 付加環化というように大カッコを使っているので，ここではわざとはっきりと区別するため，小カッコを用いていることに注意されたい。これは変換の命名はなんら機構的な意味をもっていないことを強調するためである。

例：
1

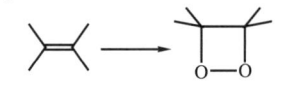

口述・記述：(2+2) *OC, OC-cyclo*-ペルオキシ-1/2/付加
非公式に使用する場合には次のように短くしてもよい。
　　　　cyclo-ペルオキシ-付加
索引名：*OC, OC-cyclo*-ペルオキシ-1/2/付加

2

cyclo-エチレン-1/4/付加

口述・記述の場合には接頭辞（2+4）を用いてもよい。

3

cyclo-[2-ブテン-1,4-ジイル]-1/2/付加

口述・記述のさいには接頭辞（4+2）を用いてもよい。

4

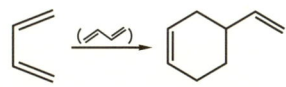

cyclo-[1-ブテン-3,4-ジイル]-1/4/-付加

口述・記述のさいには接頭辞（2+4）を用いてもよい。

5

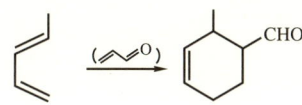

cyclo-[ホルミルエチレン]-1/4/付加

口述・記述のさいには接頭辞（2+4）を用いてもよい。

注：例 2, 4 および 5 は一般名でいえば，すべて cyclo-[アルカン-1/2/ジイル]-1/4/付加である。

6

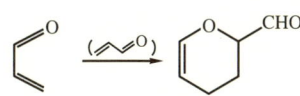

OC, CC-cyclo-[ホルミルエチレン]-1/4/付加

口述・記述では接頭辞（2+4）をつけてもよい。

7

$OC, NC\text{-}cyclo\text{-}$[フェニルイミノオキシル]$\text{-}1/6/$付加

口述・記述では接頭辞（2+6）をつけてもよい。

8

口述・記述：*epi*-オキシ-付加
索引：$OC, OC\text{-}cyclo\text{-}$オキシ$\text{-}1/2/$付加

9

口述・記述：*epi*-ブロモニウムジイル-付加または
(1+2)$BrC, BrC\text{-}cyclo\text{-}$ブロモニウムジイル$\text{-}1/2/$付加
索引：$BrC, BrC\text{-}cyclo\text{-}$ブロモニウムジイル$\text{-}1/2/$付加

10

$SC, SC\text{-}cyclo\text{-}$スルホニル$\text{-}1/4/$付加

口述・記述では接頭辞（1+4）を用いてもよい。

8.4.2　基質または反応種中の1個の原子上で多価置換が起こって閉環する変化（図8.2, 8.3）

その1個の原子が基質中のもの（図8.2）である場合には，その変換は，規則8.1に定める適切な接頭辞を加えたのち，非環状多価置換のための規則1.2によって命名される（例1と2）。

その1個の原子が反応種から来るとき（図8.3）も，同様に命名されるが，多重を示す接頭辞（二，三，など）は用いず，接尾辞「-置換」の前に相対的な位置番号を加える（例3と4）。

例：
1

$CH_2(COOEt)_2 \xrightarrow{(Br(CH_2)_4Br)}$ C(COOEt)$_2$

cyclo-テトラメチレン-de-ジヒドロ-二置換

口述・記述では接頭辞（4+1）を加えてもよい。

60

2

Me₂C=O $\xrightarrow{\text{(HOCH}_2\text{CH}_2\text{OH)}}$ [構造式: 1,3-ジオキソラン環にMe₂C]

口述・記述： (4+1) *OC,OC-cyclo*-エチレンジオキシ-de-オキソ-二置換
非公式の場合は *cyclo*-エチレンジオキシ-de-オキソ-二置換でもよい。
索引：*OC,OC-cyclo*-[エチレンジオキシ]-de-オキソ-二置換

3

[構造式: 1,3-ジブロモプロパン] $\xrightarrow{\text{(CH}_2\text{(COOEt)}_2\text{)}}$ [構造式: シクロブタン環にC(COOEt)₂]

索引： 特定名：*cyclo*-[ビス(エトキシカルボニル)メチレン]
-de-ジブロモ-1/4/置換
一般名：*cyclo*-アルカン-1/1/ジイル-de-ジハロ-1/4/置換

4

[構造式: 1,3-プロパンジオール] $\xrightarrow{\text{(Me}_2\text{CO)}}$ [構造式: 1,3-ジオキサン環にCMe₂]

OC,OC-cyclo-[プロパン-2,2-ジイル]-de-ジヒドロ-1/*O*,4/*O*-置換

例2と異なり、たとえ非公式であっても、この名前から元素記号を省略するのは望ましくない。その理由は、閉環過程に酸素原子が関係していることをほかの方法では示せないからである。

8.4.3　2 個の独立の場所で結合が生成して起こる閉環（図 8.4）

2 個の結合生成過程は、対応する非環状化合物の変換に準じて命名される。1 つの結合生成にさいして入ってくる基の名称を、他の結合はまだ閉じていないものとして選ぶ。

2 個の生成する結合が同じときには、その非環状変換の名称をカッコに入れ、それに「*cyclo*-ビス」の接頭辞および規則 8.1 で定めたその他必要な接頭辞や接尾辞をつけて全体の変換を表す。

生成する 2 個の結合が違うときは、そうしてでき上がる名称はふつう複雑すぎて不便になってしまう（「前文」第 4 節参照）。しかし、命名することが必要なら、次のようにする。

2 つの独立な変換は別にカッコに入れ、開裂の起こる位置に相対的な番号をつけ、そのあとにハイフンをつけたのち、全体の前に、規則 8.1 で定める接頭辞をつける。置換は、付加や脱離よりも先に置く（規則 8.5.3 の例参照）。もし 2 つの変換が同じタイプのものならば、低原子価の基あるいは規則 0.2 で優先性が低いほうの基が先に出るように名称をつくる。

例：
1

NC,NC-cyclo-ビス(アリールイミノ-de-オキソ-二置換)

2

NC,NC-cyclo-ビス(*N*-アルキリデン-de-ジヒドロ-二置換)

3

NC,NC-cyclo-1/(*N*-アルキリデン-de-ジヒドロ-二置換)-4/
(アリールイミノ-de-オキソ-二置換)

口述・記述では，上の例はどれも，接頭辞 (4+4) を加えることができる。

8.5 バラバラになる開環（図 8.2-8.4）

8.5.1 環状脱離 (cycloelimination)
（基質中の σ 結合が生成物中の π 結合に変化することによって環が開く変換）

この変換の名称では，それが協奏的であるか協奏的でないかの区別は行わない。
この変換の名称は次のものからなる。
(a) 規則 8.1 に基づく適切な接頭辞，
(b) 基質から取り除かれる 2 価の基名，
(c) 生成物中の脱離が起こった相対的位置，そして
(d) 接尾辞「-脱離」。

(1+2) の環状脱離，すなわち 3 員環が開いて環をつくっていた 1 個の原子が脱離子として離れていく変化では，口述・記述の場合，「(1+2) *seco*」の代わりに接頭辞 *epi* を使ってもよい。

この規則では，環の大きさを示す数字を小カッコに入れて用いているが，これは，たとえば retro-Diels-Alder の反応を [2+4] 環状脱離のように記述する大カッコとは意味が違うことを示すためにわざと使っているものである。これは，変換の名称は反応機構に関する意味は何ももっていないことを強調するためである。

例：
1

seco-[シアノエチレン]-1/4/脱離

口述・記述では（2＋4）の接頭辞を用いてもよい。

2

NC,NC-seco-フェニルイミノ-1/2/脱離

口述・記述にはこの変化の一般名は次のように書けよう。

epi-イミノ-脱離

8.5.2 一つの原子上で多価置換が起こるか環内の1個の原子が2つの置換変換の離脱基となる変化（図8.2と8.3）

1個の原子が置換の位置である場合には(図8.2)，その変化は規則1.2に定める非環状置換の命名に準じて，規則8.1に定める適切な接頭辞をつけて命名される。

1個の原子が離脱基として離れて行くときにも（図8.3）同じように命名する。ただし，このさいは多重性を示す接頭辞（二，三，など）はつけず，その代わりに接尾辞「置換」の前に相対的な位置を示す数字を付け加える。

例：
1

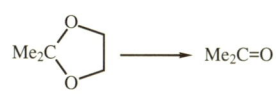

OC,OC-seco-オキソ-de-エチレンジオキシ-二置換

口述・記述のさいには接頭辞（1＋4）をつけてもよい。

2

OC,OC-seco-ジヒドロ-de-[プロパン-2,2-ジイル]-1/O,4/O-置換

口述・記述のさいには接頭辞（4＋1）を用いてもよい。

例1とは異なり，非公式の場合でもこの名称からすべての元素記号を除くことは望ましくない。その理由は，そうしないと酸素が開環の過程にかかわっていることを示す方法がないからである。

8.5.3 独立の2か所で結合が切断する開環（図8.4）

結合2個が開裂する変換は，相当する非環状化合物の変換と同様に命名する。1個の結合が切れるときに入る基名を，もう1つの結合は切れていないものとして選ぶ。

もし2つの結合をつくる変換が同じならば非環状の変換名をカッコにいれ，その前に「*seco*-ビス(-*bis*-)」の接頭辞を置き，さらに規則8.1に定める適切な接頭辞を置いて全体の変換を表す。

もし2つの結合生成の変換が違うならば，この規則によってでき上がる名称は，便利に使うには複雑すぎる（「前文」第4節参照）。しかし，名称が必要なら，次のようにしてつくることができる。それぞれの単一変換をカッコの中にいれ，カッコの前に開環する位置の相対的位置番号をつける。2つのカッコはハイフンでつなぐ。そして，全体の前に規則8.1に定める接頭辞を置く。置換のほうが，付加や脱離よりも先にくるようにする。もし2つの変換が同じ型のものならば，相違がでる最初の点で価数の低いほうの基または規則0.2に定める優先性の低い基が最初に出てくる名称を選ぶ。

例：

1

NC,NC-seco-ビス（ジヒドロ-*de*-アルキリデン-二置換）

2

OC,OC-seco-1/(ヒドロキシ-*de*-アルコキシ-置換)-2/
(1/*O*-ヒドロ-2/*C*-アルコキシ-脱離)

9　複雑な変換

この節は，結合変化が複雑で，現在の簡単な規則では扱い切れない変換の表である。それぞれの変換は独立に命名してある。

ここにあげた複雑な変換の表は全部を網羅しているわけではなく，またそのようなことは不可能である。1回や数回ではとても言及しきれない数の複雑な変化が文献には記載されている。物理有機化学委員会は比較的よく出てくる変換に集中して，この表で，取り上げることにした。この表は時々修正されて，新しい変換が取り入れられ，系統名が整備されれば不要になったものは削除する，という作業が行われることが期待される。たとえば，下に取り上げるカルボニル-トリチアン変換は，比較的簡単な「集合」置換であるが，今回の規則では，この置換と閉環を同時に記述することは不可能である。

ここにあげた変換の名称は，たいていの場合，現在よく使われている名称を少し修正したものである。そのような名称がない変換に対しては，新しい名前が工夫された。ときには，一団のよく似

た変換をまとめて1つの名前で括ったものもある。これらの例は表の最後にまとめてある。有機化学には，伝統的に多数の「人名反応」がある。そして，これらの例もいくつか表にまとめた。Beckmann 転位や Fischer のインドール合成，アシロイン縮合などがその例である。たいていの場合，伝統的な呼び方に1語か2語付け加えてもう少し情報がわかりやすいようにした。たとえば，通常 Beckmann 転位と呼ばれるものは，ここでは Beckmann のオキシムからアミドへの転位としているが，それでもこのような修正はたいていの有機化学者にはすぐにわかる程度のものと思う。有機化学のすべての人名反応を集めたわけではない。人名反応でも，ここに記載した規則で体系名を与えられるものも多く，できるならば，今後体系名にしていくべきであろう。たとえば Rosenmund 還元は，この規則によれば，ヒドロ-de-クロロ化またはヒドロ-de-クロロ-置換と呼ばれるべきものである。しかし，伝統的な名称のほうがよいと思う人もあり，体系名になるためには時間が必要であろう。「ヒドロ-de-クロロ化」は変換を指すものであり，「Rosenmund 還元」はある特定の反応法である。$CH_3Cl \longrightarrow CH_4$ の過程も，そして $CH_3COCl(+LiAlH(O\text{-}t\text{-}Bu)_3) \longrightarrow CH_3CHO$ の過程さえもヒドロ-de-クロロ化であるが，これらは Rosenmund 還元ではない。Rosenmund 還元は，酸ハロゲン化物を，ある種の触媒を使って水素化しアルデヒドにする反応なのである。結局，変換の体系名は日常に有用ではあるが，体系名がこれまでに使われてきた名称を駆逐してしまうことはあるまい。われわれ委員会も，すべてを体系名にしようと勧告しているわけではない。便宜のため，今回の体系名で命名できるいくつかの「人名反応」を選んで，その体系的名称をつけた表をこの規則の最後に付録としてつけておく。これら人名反応のなかには，基質の選び方によって，2つ以上の名称がつけられる場合があることに注意してほしい。

複雑な変換の表

名称(アルファベット順)	変換
Acyloin ester condensation (エステルのアシロイン縮合)	2 RCOOR' ⟶ RCH(OH)COR
Aldehyde-oxirane transformation (アルデヒドのオキシランへの変換)	2 RCHO ⟶ RCH—CHR（エポキシド）
Alkene-halooxime transformation (アルケンのハロオキシムへの変換)	>C=CH– ⟶ >CCl–C(=NOH)–
Alkenyl azide-azirene transformation (アルケニルアジドのアジレンへの変換)	>C=CR–N₃ ⟶ >C(N=N)CR
Amadori rearrangement (Amadori 転位)	ピラノース（NR₂, OH）⟶ フラノース（CH₂NR₂, OH）

これはまた次のように書くこともできる。

$$\begin{array}{c} CH=NR \\ | \\ CH-OH \\ | \end{array} \longrightarrow \begin{array}{c} CH_2NHR \\ | \\ C=O \\ | \end{array}$$

Arene-anhydride oxidation (アレーンの酸無水物への酸化)	ベンゼン ⟶ 無水マレイン酸
Arene-quinone transformation (アレーンのキノンへの変換)	ベンゼン ⟶ p-ベンゾキノン
Baeyer-Chichibabin pyridine synthesis (Baeyer-Chichibabin のピリジン合成)	4 CH₃CHO —(NH₃)→ 2-Me-6-Et-ピリジン または 3-Et-4-Me-ピリジン
Beckmann oxime-amide rearrangement (Beckmann のオキシムからアミドへの転位)	R–C(=NOH)–R' ⟶ R–NH–CO–R'
Benzidine rearrangement (ベンジジン転位)	Ph–NH–NH–Ph ⟶ H₂N–C₆H₄–C₆H₄–NH₂

第1章 有機化学変換の命名法

Benzoin aldehyde condensation
(アルデヒドのベンゾイン縮合)

$$2\ ArCHO \longrightarrow Ar-CHOH-CO-Ar$$

Binbaum-Simonini carboxylate-ester transformation (Binbaum-Simonini のカルボン酸塩からエステルへの変換)

$$2\ RCO_2M \xrightarrow{(X_2)} RCOOR$$

Borsche hydrazone-tetrahydroindole transformation (Borsche のヒドラゾンからテトラヒドロインドールへの変換)

PhNH-N=シクロヘキサン ⟶ テトラヒドロカルバゾール

Bucherer-Bergs hydantoin synthesis
(Bucherer-Bergs のヒダントイン合成)

$$R-CO-R' \xrightarrow{(CO_2,\ NH_3,\ HCN)} \text{ヒダントイン}$$

Cannizzaro aldehyde disproportionation
(Cannizzaro のアルデヒド不均化)

$$2\ ArCHO \longrightarrow ArCH_2OH + ArCO_2^-$$

(これを分けた $ArCHO \longrightarrow ArCH_2OH$ および $ArCHO \longrightarrow ArCO_2^-$ の変換は, 系統名をもっている)

Carbonyl-trithiane transformation
(カルボニルからトリチアンへの変換)

$$-\underset{O}{\overset{|}{C}}- \longrightarrow \text{トリチアン}$$

Decker Alkylpyridinium oxidation
(Decker のアルキルピリジニウム酸化)

N-アルキルピリジニウム $\xrightarrow{(K_3Fe(CN)_6)}$ N-アルキル-2-ピリドン

Demiyanov ring contraction
(Demiyanov 環縮小)

$$(CH_2)_n\ CH-NH_2 \longrightarrow (CH_2)_{n-1}\ CH-CH_2OH$$

Demiyanov ring expansion
(Demiyanov 環拡大)

$$(CH_2)_n\ CH-CH_2NH_2 \longrightarrow (CH_2)_{n+1}\ CH-OH$$

diazoalkane-thiirane transformation
(ジアゾアルカンのチイランへの変換)

$$2\ R_2CN_2 \xrightarrow{(S)} R_2C\underset{S}{\overset{}{-}}CR_2$$

Diazonium-arylhydrazine reduction
(ジアゾニウムのアリールヒドラジンへの還元)

$$ArN_2^+ \longrightarrow ArNHNH_2$$

Diazotization
(ジアゾ化)

$$RNH_2 \longrightarrow RN_2^+$$

(これは, 2個の水素原子を=N$^+$ によって置換したものとして体系的に命名することもできるが, あいまいさが残る: アザニリウムイリデン-de-ジヒドロ-二置換)

1,1-Dihaloalkene-alkyne transformation (1,1-ジハロアルケン-アルキン変換)

$$RCH=CX_2 \xrightarrow{(R'M)} R-C\equiv C-R'$$

Di-π-methane rearrangement (ジ-π-メタン転位)

Eschenmoser-Tanabe ring cleavage (Eschenmoser-田辺の環開裂)

Fischer indole synthesis (Fischer のインドール合成)

Formaldehyde-hexamethylenetetramine transformation (ホルムアルデヒドのヘキサメチレンテトラミンへの変換)

$$CH_2O \xrightarrow{(NH_3)}$$

Haloform-isocyanide transformation (ハロホルムのイソシアニドへの変換)

$$CHX_3 \xrightarrow{(RNH_2)} \bar{C}\equiv \overset{+}{N}-R$$

Haloform reactions (ハロホルム反応)

$$CH_3CO-R \longrightarrow CHX_3 + RCO_2^-$$
$$CH_3CHOH-R \longrightarrow CHX_3 + RCO_2^-$$

Hinsberg quinone-aryl sulfone transformation (Hinsberg のキノンからアリールスルホンへの変換)

Hydrazine-azide transformation (ヒドラジンのアジドへの変換)

$$RNHNH_2 \longrightarrow RN_3$$

Isocyanate-methylamine transformation (イソシアナートのメチルアミンへの変換)

$$R-N=C=O \longrightarrow R-NH-CH_3$$

Isothiocyanate-methylamine transformation (イソチオシアナートのメチルアミンへの変換)

$$R-N=C=S \longrightarrow R-NH-CH_3$$

Mark alkynol phosphate rearrangement (Mark のアルキノールリン酸エステル転位)

Marker diosgenin degradation (Marker のジオスゲニン減成)

第1章 有機化学変換の命名法

Mattox rearrangement
(Mattox 転位)

$>C(OH)-CO-CH_2OH \xrightarrow{(HOAc)} >C=C(OH)-CHO$

Meyer-Schuster alkynol rearrangement
(Meyer-Schuster のアルキノール転位)

$R-C\equiv C-CR'_2OH \longrightarrow R-CO-CH=CR'_2$

Neber oxime tosylate-amino ketone rearrangement (Neber のオキシムトシラートからアミノケトンへの転位)

$R-CH_2-\underset{N-OTos}{\overset{\|}{C}}-R' \longrightarrow R-CH-CO-R' \quad (NH_2)$

Nitro-azoxy reductive transformation
(ニトロからアゾキシへの還元的変換)

$2\ ArNO_2 \longrightarrow Ar-\overset{+}{N}(O)=\overset{-}{N}-Ar$

N-Nitrosoamine-diazoalkane transformation (N-ニトロソアミンのジアゾアルカンへの変換)

$R_2CH-\underset{A}{N}-NO \longrightarrow R_2C=\overset{+}{N}=\overset{-}{N} \quad (A = Tos, CONH_2 \ など)$

Oxa-di-π-methane rearrangement
(オキサジ-π-メタン転位)

Pearson hydrazone-amide rarrangement
(Pearson のヒドラゾンからアミドへの転位)

$R-C=N-NH_2 \xrightarrow{(HONO)} R-CO-NH-R'$
    $|$
    R'

Piloty-Robinson pyrrole synthesis
(Piloty-Robinson のピロール合成)

$RCH_2-C=N-N=C-CH_2R \longrightarrow$ (substituted pyrrole)
     $|$ $|$
     R' R'

Porter-Silber ketose-hydrazone rearrangement (Porter-Silber のケトースからヒドラゾンへの転位)

$>C(OH)-CO-CH_2OH \xrightarrow{(ArNHNH_2)} >CH-CO-CH=N-NHAr$

Pummerer methyl sulfoxide rearrangement (Pummerer のメチルスルホキシド転位)

$R-SO-CH_3 \longrightarrow R-S-CH_2-OAc$

Ramberg-Bäcklund halosulfone transformation (Ramberg-Bäcklund のハロスルホン変換)

$R-CH-SO_2-CX-R' \longrightarrow R-C\equiv C-R'$

Reddelien pyridine synthesis
(Reddelien のピリジン合成)

$PhCOCH_3 \xrightarrow{(PhCH_2NH_2)}$ 2,6-diphenyl-4-phenylpyridine

Reductive azoxy cleavage
(還元的アゾキシ開裂)

$Ar-\overset{+}{N}(O)=\overset{-}{N}-Ar \longrightarrow 2\ ArNH_2$

Secoalkylation (overall transformation)
(セコアルキル化：全体の変換)

$\xrightarrow{(Ph_2S^+-\triangleleft)}$

$\xrightarrow[(MeOH)]{(MeO^-)}$ (product with COOMe and OH groups)

Serini acetoxy alcohol-carbonyl transformation (Serini のアセトキシアルコールからカルボニルへの変換)

$>C(OH)-CH(OAc)- \longrightarrow >CH-CO-$

Sulfonic acid-thiol reduction (スルホン酸のチオールへの還元)	$RSO_2OH \longrightarrow RSH$
Thiol-sulfonic acid oxidation (チオールのスルホン酸への酸化)	$RSH \longrightarrow RSO_2OH$
Thiol-Sulfonyl halide oxidation (チオールのスルホン酸ハロゲン化物への酸化)	$RSH \longrightarrow RSO_2X$
Tiemann amidoxime-urea rearrangement (Tiemannのアミドキシムから尿素への転位)	$\underset{N-OA}{R-\overset{\|}{C}-NH_2} \longrightarrow R-NH-CO-NH_2$ (A = H または Tos)
Tishchenko aldehyde-ester disproportionation (Tishchenkoのアルデヒドからエステルへの不均化)	$2\,RCHO \longrightarrow RCOOCH_2R$
Varrentrapp cleavage (Varrentrapp 開裂)	$RCH=CH-(CH_2)n-CO_2^- \longrightarrow R(CH_2)n-CO_2^- + CH_3CO_2^-$
Von Auwers coumaranone-chromone rearrangement (Von Auwersのクマラノンからクロモンへの転位)	(構造式)

第1章　有機化学変換の命名法

密接な関係をもつ変換群

Alkene metathesis
(アルケンのメタセシス)

$$2 \underset{R^2}{\overset{R^1}{>}}C=C\underset{R^4}{\overset{R^3}{<}} \longrightarrow \underset{R^2}{\overset{R^1}{>}}C=C\underset{R^2}{\overset{R^1}{<}} + \underset{R^4}{\overset{R^3}{>}}C=C\underset{R^4}{\overset{R^3}{<}}$$

$$\underset{R^2}{\overset{R^1}{>}}C=C\underset{R^4}{\overset{R^3}{<}} + \underset{R^6}{\overset{R^5}{>}}C=C\underset{R^8}{\overset{R^7}{<}} \longrightarrow$$

$$\underset{R^2}{\overset{R^1}{>}}C=C\underset{R^6}{\overset{R^5}{<}} + \underset{R^4}{\overset{R^3}{>}}C=C\underset{R^8}{\overset{R^7}{<}}$$

Cycloalkanone oxidative ring opening
(シクロアルカノンの酸化的環開裂)

シクロヘキサノン $\longrightarrow$ HOCO-$(CH_2)_4$-COOH

(同型の反応でケト酸やジケトンを生成するものもある)

Cyclodehydrogenation
(シクロデヒドロ化)
(この名称は脂肪族の鎖が環を巻いて芳香族となるすべての変換を含んでいる。もとの鎖が芳香環についている必要はない)

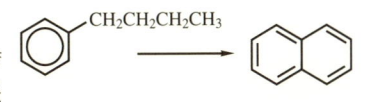

PhCH$_2$CH$_2$CH$_2$CH$_3$ $\longrightarrow$ ナフタレン

Schleyer adamantization
(Schleyer のアダマンタン化)
(この名称は多環化合物がアダマンタン誘導体に異性化する変化のすべてを含む)

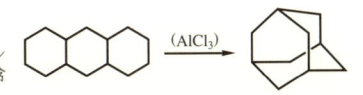

ペルヒドロアントラセン $\xrightarrow{(AlCl_3)}$ アダマンタン

Willgerodt carbonyl transformation
(Willgerodt のカルボニル変換)

ArCOCH$_3$ $\longrightarrow$ ArCH$_2$CONH$_2$　または　ArCH$_2$CO$_2^-$

付録　人名反応などの変換

慣用名	体系名	変換
アルドール反応 Claisen-Schmidt 反応	O-ヒドロ,C-[1-アシルアルキル]-付加 または 1-アシルアルキリデン-de-オキシン二置換	$R-\underset{\parallel}{\underset{O}{C}}-R'\ \xrightarrow{(>CH-CO-R'')}\ \underset{OH}{\underset{\mid}{\underset{R-C-R'}{\underset{\mid}{C-CO-R''}}}}$ または $-CH-CO-R''\atop R-C-R'$
ベンジル酸転位	1/O-ヒドロ,3/オキシド-(1/→2/アリール)-migro-付加	$Ar-CO-CO-Ar \longrightarrow Ar_2C(OH)CO_2^-$
Birch 還元	1/4/ジヒドロ-付加	ベンゼン → 1,4-シクロヘキサジエン
Bucherer 反応 (1)	ヒドロキシ-de-アミノ化	1-ナフチルアミン → 1-ナフトール
Bucherer 反応 (2)	アミノ-de-ヒドロキシル化	1-ナフトール → 1-ナフチルアミン
Claisen 縮合	[1-(アルコキシカルボニル)アルキル]-de-アルコキシル化 およびジヒドロ化(アシル-de-水素化)	$RCH_2-COOR' \xrightarrow{(RO^-)} RCH_2-CO-CHR-COOR'$
Clemmensen 還元 Mozingo 還元 Wolff-Kishner 還元	ジヒドロ-de-オキシン二置換	$R_2C=O \longrightarrow R_2CH_2$
Cope 転位	(3/4/)→(1/6)-sigma 移動または[3,3] sigma 移動	アリル基転位図
Delépin 反応	アミノ-de-クロロ化	$RCl \xrightarrow{((CH_2)_6N_4)} RNH_2$
Finkelstein 反応	ハロ-de-ハロゲン化	$R-Hal \longrightarrow R-Hal'$

反応名	変換の名称	変換式
Fischer–Hepp 転位	1/C-ヒドロ,5/N-ニトロン-交換	$R\text{-}N(NO)\text{-}R' \longrightarrow R\text{-}NH\text{-}C_6H_4\text{-}NO$
Friedel–Crafts アシル化	アシル化,アシル-de-水素化 アリール-de-クロロ化	ArH ⟶ ArCOR RCOCl ⟶ ArCOR
Friedel–Crafts アルキル化(1)	アルキル化,アルキル-de-水素化 アリール-de-クロロ化	ArH ⟶ ArR RCl ⟶ ArR
Friedel–Crafts アルキル化(2)	アルキル化またはアルキル-de-水素化	ArH (>C=C<) ⟶ >CH–CAr >C=C< (ArH) ⟶ >CH–CAr
Haller–Bauer 反応	ヒドロ,アリール-付加	R–CO–R' ⟶ R–CO–NH$_2$ + R'H
Hell–Vollhard–Zellinski 反応	アミン-de-アルキル化およびヒドロ-de-アシル化	R–CH$_2$–COOH ⟶ R–CHHal–COOH
Hofmann 分解	ハロゲン化,ハロ-de-水素化	>CH–CNR$_3^+$ ⟶ >C=C<
Hofmann 転位	ヒドロ,トリアルキルアンモニオ-脱離	RCONH$_2$ ⟶ R–N=C=O
Japp–Klingemann 反応(1)	ビス水素(2/→1/N-アルキル)-migro-脱着	RCO–CHR'–COOH $\xrightarrow{(ArN_2^+)}$ RCO–CR'=N–NHAr
Japp–Klingemann 反応(2)	アリールヒドラノ-de-水素,カルボキシ-二置換	RCO–CHR'–COR'' $\xrightarrow{(ArN_2^+)}$ RCO–CR'=N–NHAr
Kolbe–Schmidt 反応	アリールヒドラノ-de-水素,アシル-二置換	ArH ⟶ ArCOOH
Kucherov 反応	カルボキシル化またはカルボキシ-de-水素化	–C≡C– ⟶ –CO–CH$_2$–
McFadyen–Stevens 反応	ジヒドロ,オキシ-二付加	RCONHNHTos ⟶ RCHO
	ヒドロ-de-トシルヒドラジノ-置換	

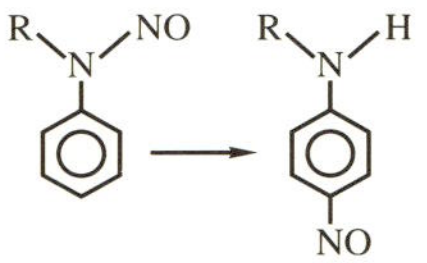

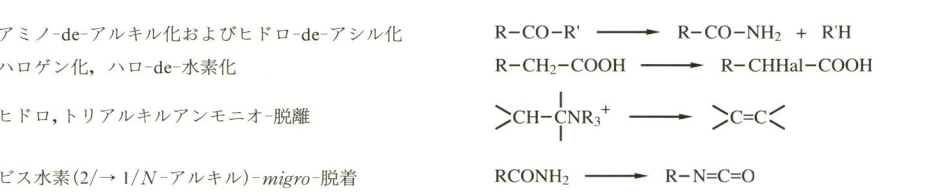

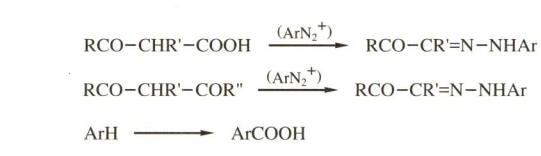

反応名	分類	反応式
Meerwein-Ponndorf-Verley 還元	O,C-ジヒドロ-付加	$\diagup\!\!\!\diagdown\!\!C\!=\!O \xrightarrow{(Me_2CHOH)} \diagup\!\!\!\diagdown\!\!CH\!-\!OH$
Menshutkin 反応	トリアルキルアンモニオ-de-ハロゲン化	$RHal \xrightarrow{(R'_3N)} RR'_3N^+Hal^-$
Michael 反応 (一例)	ヒドロ, ビス(エトキシカルボニル)メチル-付加	$\diagup\!\!\!\diagdown\!\!C\!=\!C\!-\!CO\!-\!R \xrightarrow{(CH_2(COOEt)_2)} -\!\overset{H}{\underset{CH(COOEt)_2}{-\!C\!-\!C\!-\!CO\!-\!R}}$
Nenitzescu アシル化	ヒドロ, アシル-付加	$\diagup\!\!\!\diagdown\!\!C\!=\!C\diagdown\!\!\!\diagup \longrightarrow \diagup\!\!\!\diagdown\!\!CH\!-\!C(COR)\diagdown\!\!\!\diagup$
Oppenauer 酸化	O,C-ジヒドロ-脱離	$\diagup\!\!\!\diagdown\!\!CH\!-\!OH \xrightarrow[(Al(O-i-Bu_3)]{(R_2CO)} \diagup\!\!\!\diagdown\!\!C\!=\!O$
Paterno-Büchi 反応	OC, CC-$cyclo$-[アルカン-1,1-ジイル]-1/2/付加	$R\!-\!CO\!-\!R' \xrightarrow[(h\nu)]{(\diagup\!\!\!\diagdown\!\!C\!=\!C\diagdown\!\!\!\diagup)} \overset{R\diagdown\;\;\diagup R'}{\underset{\;\;\;\;O}{\diagup\!\!C\!-\!\!\diagdown}}$
	OC, CC-$cyclo$-[1-オキシアルキル]-1/2/付加	$\diagup\!\!\!\diagdown\!\!C\!=\!C\diagdown\!\!\!\diagup \xrightarrow[(h\nu)]{(R\!-\!CO\!-\!R')} \overset{R\diagdown\;\;\diagup R'}{\underset{\;\;\;\;O}{\diagup\!\!C\!-\!\!\diagdown}}$
Prevost 反応 / Woodward 反応	ジヒドロキシ-付加	$\diagup\!\!\!\diagdown\!\!C\!=\!C\diagdown\!\!\!\diagup \longrightarrow -C(OH)\!-\!C(OH)-$
Prilezhaev 反応	epi-酸素-付加	$\diagup\!\!\!\diagdown\!\!C\!=\!C\diagdown\!\!\!\diagup \longrightarrow \overset{\diagup\!\!O\!\!\diagdown}{-C\!-\!C-}$
Radziszewski 反応	N,N-ジヒドロ, C-オキソ-二付加	$RCN \longrightarrow RCONH_2$
Reformatsky 反応	O-ヒドロ-C-[1-エトキシカルボニルアルキル]-付加	$R_2CO \xrightarrow[(Zn)]{(R'_2CBrCOOEt)} R_2C(OH)\!-\!CR'_2COOEt$
	[1-ヒドロキシアルキル]-de-ハロゲン化	$R'_2CBrCOOEt \xrightarrow[(Zn)]{(R_2CO)} R_2C(OH)\!-\!CR'_2COOEt$

Ritter 反応	*N*-ヒドロ,*N*-アルキル-*C*-オキシ-二付加	RCN $\xrightarrow{\text{(R'OH)}}$ R–CO–NH–R'
	アシルアミノ-de-ヒドロキシル化	R'OH $\xrightarrow{\text{(RCN)}}$ R–CO–NH–R'
Sandmeyer 反応(1)	クロロ-de-ジアゾニオ化	$ArN_2^+ \longrightarrow ArCl$
	ブロモ-de-ジアゾニオ化	$ArN_2^+ \longrightarrow ArBr$
Sandmeyer 反応(2)	シアノ-de-ジアゾニオ化	$ArN_2^+ \longrightarrow ArCN$
Schmidt 反応(ケトンの)	イミノ-挿入	R–CO–R' $\xrightarrow[\text{(HN}_3)]{\text{(H}^+)}$ R–CO–NH–R'
Ullmann 反応	de-ハロゲン-カップリング	$2\,ArHal \longrightarrow Ar–Ar$

文献

1) J. F. Bunnett, "Systematic Names for Substitution Reactions," *Chem. Eng. News*, 32, 4019(1954); *J. Chem. Soc.*, 4717(1954).
2) さらに正確な定義は次の文献に与えられている.
   V. Gold, *Pure Appl. Chem.*, 55, 1281(1983); V. Gold, K. L. Loening, A. D. McNaught, P. Sehmi, eds., "Compendium of Chemical Terminology : IUPAC Recommendations," Blackwell Scientific(1987).
3) J. F. Bunnett, *Pure Appl. Chem.*, 53, 1281(1981).
4) R. S. Cahn, C. Ingold, V. Prelog, *Angew. Chem., Int. Ed. Engl.*, 5, 385(1966); IUPAC 有機化学命名法委員会, *Pure Appl. Chem.*, 45, E11(1976); V. Prelog, G. Helmchen, *Angew. Chem., Int. Ed. Engl.*, 21, 567(1982).
5) J. F. Bunnett, R. A. Y. Jones, *Pure Appl. Chem.*, 60, 1115(1988).
6) W. Klyne, V. Prelog, *Experientia*, 16, 521(1960).

第 2 章

反応機構の記号による表示

(1988 勧告)

前　文

　ここに取り上げる規則は，簡単な反応機構を記号的に記述するためのものである。反応機構の詳細を，口頭または記述によって伝えるに当たって，簡単でしかも役にたつ記号を提供しようというのが，第一の目的である。Ingold が考案した反応機構の命名法[1,2] は，その後 30 年間，応用範囲が広がりいろいろな例が出てくることによって改変されてきた[3]。Ingold の命名法はいまでも広く使われているが，問題点が 2 つあることが明らかになっている。

1. この方法が，観察される反応の現象（たとえば，置換・脱離）を記述するのに使われるだけでなく，反応の機構（たとえば反応に関係する分子数・協奏反応か否か・電子的特性）を記述するためにも使われるので，複雑な反応を記述するのには向かないという点がある。
2. この記述法では，機構の解釈にあいまいさを残す可能性がある。この点に関する最もはっきりとした例は，加溶媒分解やその他の置換反応において S_N1 から S_N2 までの機構が連続的であるという点に見ることができよう。ときには，反応機構が非常に違うのに，同じ言葉で表されるといった反応の例もある（たとえば S_E2。105 ページ表 2）。

　観測される反応の特質とその機構とは，分けて記述することが望ましい。そこで，ここでは，反応の機構を記述するためだけの方法を述べることにする。たいていの反応の特質は，反応機構のコードを論理的に解析していくことによって推理できるものであるが，ここでは，反応の特質を記述するのにも役に立つように Ingold の命名を修正することも提案したい。

　反応機構を体系的に命名するには，たとえば結合の生成や結合の解離といった分子の変化の基本的な流れを直接に取り扱うようにする必要がある。この系統的命名法で扱われるべき反応機構の重要な特性といえば

1. 反応の段階数
2. 反応段階の順序
3. これら段階の本質（拡散が重要な段階となっていればそれも含む）

であろう。

　機構を，結合生成と結合解離の段階で記述することの重要性は，1960 年に Mathieu が指摘している[4]。結合生成と結合解離によって配位子置換反応を分類する方法も Langford と Gray によって提案されている[5]。1975 年には Guthrie が Mathieu の提案を修正した[6]が，本勧告では Mathieu と Guthrie の精神とそのやり方を尊重している。Guthrie が最初に述べ，そしてのちに Roberts[7] と Littler[8] がそれをさらに深化させたように，機構を記号によって表すことは可能であり，機構の理解度によって，その記号化の複雑度も決まることになる。機構を記述するに当たって，それをどれだけ詳細に記述するか，あるいはどのような種類の情報を伝えるか，は著者が何を伝えようと考えるかによって違う。Ingold の方法では，S_N2 反応は，求核種と炭素との間に結合ができ，離核種が離れて結合が切れ，これら 2 つの事象が同時に起こることを示している。この勧告は，講演や論文のなかで結合生成や結合解離の順序を表すのに必要な方法に限って述べようとするものである。

この命名法を用いてどのように機構を表すか例をもって示すこととするが，その例の選定に当たっては，すでに Ingold の命名法で規定されているものを基本とした。歴史的にそのような研究が多かったという意味で，これらの例は大部分ヘテロリシスである。ここに述べる命名法は，ホモリシスやペリ環状反応にも，ヘテロリシスと同じレベルで適用できるものであると考えている。この命名法は，非常に多数の段階やいろいろな原子の結合に変化が起こるといったときには使用困難となるが，そうでなければ多数の反応に適用できるものであり，非常に複雑な場合でも，記号化できるいくつかの過程の組合せと見ることもできるのである。

　この規則をつくるに当たって重視したことは，簡単でなければならぬということである。名前は，その反応機構の型を他のものと区別するのに最低限必要なものからできているべきであり，多数のいろいろな記号を使うことは避けなければならない。使用者にとっては，大きな表や長い一覧表を見てはじめてわかったり，書いたりできるようなものでは意味がない。また名前は，あまり長いものでは口頭で述べるさいに不便である。口述の場合に，元素組成が違うだけで区別するようなものは実際的でない。遷移状態や立体化学の詳細や多数の分子が集合することによって起こる性質などを記述することは，ここでは一応無視し，今後の検討に委ねることにする。しかし，簡単な規則からさらに完成度や正確さの高いものへの変化は連続的でなければならない。したがって，ここに述べる規則と情報検索に用いると予想される直線的表示法との整合性については配慮が行われる必要がある。

規　　則

規則1．結合の生成と開裂

　1つの分子構造から別の構造に変化するにあたって，新しい結合が生成するときは，その変化の機構を表す記号には A (association または attachmennt の意) を用いて，結合生成成分を表す。同様に，結合開裂の成分を記号にするさいは D (dissociation または detachment の意) を用いる。結合の多重度が変化する場合の記号はとくに定めない。たとえば，脱離は，2個の"D"を用いて脱離基が2個離れて行ったことで表すことができるが，二重結合が生成するときには，この両者が必然的に起こるのであるから，とくに二重結合生成の記号を制定する必要はないのである。これら"A"と"D"の記号は「基本変化 (primitive change)」と呼ばれる[9]。水素結合やイオン対生成のような弱い結合や部分的な結合の関係したものには"A"や"D"の記号は用いないこととする。

　　"A"と"D"の記号で表される変化

$$N\equiv C:^- + \underset{}{C}=O \underset{"D"}{\overset{"A"}{\rightleftarrows}} N\equiv C-\underset{}{C}-O:^-$$

$$Br\cdot + Br\cdot \underset{"D"}{\overset{"A"}{\rightleftarrows}} Br_2$$

$$(CH_3)_3C^+ + H_2O \underset{"D"}{\overset{"A"}{\rightleftarrows}} (CH_3)_3C-\overset{+}{O}H_2$$

規則2. 協奏的変化[10]と段階的多結合変化

　変換の過程がいくつかの段階を経て起こる場合（非協奏的），"A"と"D"の記号またはその組合せでその化学変化の結合変化を表す必要がある．組合せには，通常＋の記号を用いて表す．接続記号のない"A"および（または）"D"の組合せは素反応（elementary reaction）と呼ばれる[9]．

"A"および"D"の記号の組合せ

$$HO:^- + CH_3I \longrightarrow HOCH_3 + I:^- \qquad AD$$

$$\left. \begin{array}{l} Ph_2CHBr \longrightarrow Ph_2\overset{+}{C}H + Br:^- \\ Ph_2\overset{+}{C}H + H_2O \longrightarrow Ph_2CH\overset{+}{O}H_2 \end{array} \right\} \quad D + A$$

$$\left. \begin{array}{l} HO:^- + CH_3-\underset{O}{\overset{O}{\|}}C-OCH_3 \longrightarrow CH_3-\underset{OH}{\overset{O^-}{|}}\underset{|}{C}-OCH_3 \\ CH_3-\underset{OH}{\overset{O^-}{|}}\underset{|}{C}-OCH_3 \longrightarrow CH_3-\underset{O}{\overset{O}{\|}}C-OH + CH_3O:^- \end{array} \right\} \quad A + D$$

　中間体の寿命が短くて，その寿命が分子の振動よりは長いが拡散よりは短いといった場合には，記号"＋"の代わりに"＊"を用いるのが有用と考えられる．溶液中の反応では，これは通常溶液全体と拡散平衡に達するには寿命が短すぎる（つまり，溶液中のすぐ近くにいる分子種と交換を行う）というものに対応する．上の第三の例では，四面体型の中間体がエネルギー最少状態ではあるが，その寿命が非常に短くて濃度が非常に低いヒドロンの供与体や受容体と反応するまで存在しないような場合，A＊Dと書くボーダーラインということになるのである．

規則3. 変換機構における電子の移動方向[11]

　結合生成や結合開裂（基本変化 primitive change）における電子移動の方向を示すには，その変化に参加する原子の一つを基準原子（reference atom）と決め，それを元にして問題となる変化が求核性（nucleophilic），求電子性（electrophilic），離核性（nucleofugic），離電子性（electrofugic）のどれであるかを決める必要がある．分子の変化が付加・脱離・置換[11]のどれかと見ることができる場合には，基準原子をどれにするかははっきりとしている．多重結合の生成および変換（付加と脱離）に関しては，その多重結合をつくっている原子を中心原子（core atom）とし，置換が起こる原子または起こると考えられる原子（このような記述をする理由については規則3.3の後ろにある注参照）を中心原子とする．のちに検討するいくつかの場合には，さらに多数の原子が，ここで述べたのと同じような役割をすることがある．そのような場合には，これら多数の原子をすべて中心原子と考えることにする．ここで，中心原子は，多くの場合炭素であるが，必ずしも炭素でなくてもよいことに注意する必要がある．

中心原子（↑）

$$P\text{-}X\text{-}Y\text{-}Q \underset{\text{付加}}{\overset{\text{脱離}}{\rightleftarrows}} X{=}Y + P + Q$$
↑↑ ↑↑

$$Z + X\text{-}Y \xrightarrow{\text{置換}} Z\text{-}X + Y$$
↑ ↑

"A"や"D"の記号が中心原子に関する基本変化を意味するときには，下付の文字（E，N，R その意味については後述）を添える。

　基本変化に関与する原子をあと2種類考え，次に述べる目的によって異なる記号で示すこととする。機構のある段階では中心原子を含む分子に所属しているが中心原子ではないものをペリ原子（peripheral atom）と呼ぶ。中心原子でもペリ原子でもないが，反応に関係する原子をキャリヤー原子（carrier atom）と呼ぶ。これらの名前の説明からわかるように，これらには，その他の原子や原子団が付いていてもよい。次に，これら3種の原子の反応にさいする機能とその名称とを示す。

$$RO:^- + H\text{-}\overset{\frown}{C}\text{-}\overset{}{C}\text{-}Br \longrightarrow ROH + C{=}C + :Br^-$$
キャリヤー原子　中心原子　　ペリ原子

　基本変化の基準原子を選ぶに当たっては，ペリ原子やキャリヤー原子よりも中心原子を優先させ，キャリヤー原子よりもペリ原子を優先させる。基本変化に2個のペリ原子が関係しているときには，中心原子により近い（途中に介在する結合数の少ないほう）原子を基準原子に選ぶ。環状反応の場合のように（規則4.2），中心原子からの結合数が同じペリ原子が2個あるときには，下付きの文字"n"を付けて任意に選んだことを示す。

3.1　中心原子が関係する基本変化の電子移動方向

　中心原子が基本変化に関係している場合には，大文字の下付き文字を付して示す。下付きの"N"は，中心原子が求核種と結合をする場合（A_N）か，中心原子から離核種が離れて結合が切れる場合（D_N）に用いる。下付きのEは中心原子が求電子（A_E）または離電子（D_E）の変化を起こすときに用いる。

$$X: + S \underset{"D_N"}{\overset{"A_N"}{\rightleftarrows}} X\text{-}S$$

$$X + :S \underset{"D_E"}{\overset{"A_E"}{\rightleftarrows}} X\text{-}S$$

　下付きの文字"R"は，ホモリシスの関係した基本変化を表すのに用いる（A_RおよびD_R）。ラジカルの求核種および求電子種との反応はホモリシス反応（3.4）で述べる。もし基本変化に中心原子が関係していないときは，次の節で述べるように，小文字の下付き文字で示すことにする。

下付き文字の使用例

$$HO:^- + CH_3I \longrightarrow HOCH_3 + I:^- \qquad A_ND_N$$

$$\text{>C=C<} + Br^+ \longrightarrow {}^+\text{C}-\text{C}-Br$$

$$Br:^- + {}^+\text{C}-\text{C}-Br \longrightarrow Br-\text{C}-\text{C}-Br \qquad A_E + A_N$$

3.2 中心原子が関係しない基本変化

　下付きの文字 "e" を用いて，ペリ基準原子が求電子種に攻撃されたこと，または離電子種を失っていることを示す（それぞれ，A_e と D_e で表す）。下付きの "n" は，求核種または離核種が関係する同じ変化を表す（A_n と D_n）。ホモリシスの基本変化で中心原子が関与しないものは，下付きの文字 "r" を付して示す（A_r と D_r）。

　これら小文字を下付きで用いる意味は，次の例で明らかである。一般的に起こるイオン的脱離機構（D_ED_N）を2つ考えてみよう。まず，脱離過程の前に，それとは独立に，求電子種が離核基を攻撃するとしよう。すると，この過程は $A_e + D_ED_N$ で表される。しかし，もう1つの場合があって，求核種が離電子基を攻撃するものが考えられる。すると，この反応は $A_n + D_ED_N$ である。求電子種への結合がまず起こるというのがより一般的ではあるが，どちらの場合も，概念的には可能である。グリニヤール試剤がエステルに付加した化学種の分解の仕方について2通り考えてみよう（これはこれで完全というわけでもなく実際に起こっているというわけでもない）。

　　求核種による促進

$$Nu:^- + XMg-O-\overset{R}{\underset{R}{C}}-OR' \longrightarrow NuMg^- - O-\overset{X}{\underset{R}{\overset{|}{C}}}-OR'$$

$$NuMg^- - O-\overset{X}{\underset{R}{\overset{|}{C}}}-OR' \longrightarrow NuMgX + O=CR_2 + {}^-:OR' \qquad A_n + D_ED_N$$

　　求電子種による促進

$$X-Mg-O-\overset{R}{\underset{R}{C}}-O-R' + E^+ \longrightarrow X-Mg-O-\overset{R}{\underset{R}{\overset{|}{C}}}-\overset{R'}{\underset{}{O^+}}-E$$

$$X-Mg-O-\overset{R}{\underset{R}{\overset{|}{C}}}-\overset{R'}{\underset{}{O^+}}-E \longrightarrow X-Mg^+ + O=CR_2 + R'OE \qquad A_e + D_ED_N$$

もし，別につけた"A"の記号がなかったら，これらの機構はまったく同じ記号で表されることになってしまう．下付きの大文字を用いると，その反応が脱離的な性格をもっていることを強調できなくなってしまう．どちらの例でも，中間状態では，攻撃する種(Nu または E)も攻撃される原子(Mg または O)も，どちらも中心原子と同じ分子種のなかに入っている．それで，これらは共にペリ原子である．しかし，Mg は Nu より中心原子に近く，O は E よりも近い．したがって，第一と第二の例における独立基本変化では，Mg と O が基準原子となる．

下付きの小文字は，口頭発表の場合は省略してもよいし，前にペリという接頭辞を付けて話してもよい．すると，上の例で求核種が開始する反応は「ペリ-n-プラス $D_E D_N$」ということになる．"*"の記号を口頭で述べるときは「スター」ということにする．

3.3 ヒドロン* の特例

ヒドロンは特別の役目をもっており，その役目をいっそう明確にするために，求電子種がヒドロンである基本変化を表すには A_h，D_h，A_H，D_H を使ってもよいことにする．"h"または"H"が下付きの文字として用いられているのは，前出の規則によって，水素あるいはその相手のどちらが基準原子になるかを問わず，水素原子が，基本変化における求電子種か離電子種かのどちらかになっていることを示す．もし中心原子が基本変化に関係していれば，下付きの文字は"H"であり，そうでなければ"h"である．もしキャリヤー原子が，水素原子が関係する反応の相手であれば，下付き文字 xh を用いて一般的なキャリヤー原子 x とヒドロン h とが基本変化に関係していることを示す（xH を下付きの文字として用いることは定義されていない．その理由は"H"は水素またはその相手が中心原子になることを意味するからである．どちらにせよ，基本変化の水素の相手はキャリヤー原子ではない）．次にいくつかの例を示す．

	右向きの反応	左向きの反応
$CH_3CH=CH_2 + H^+ \rightleftarrows CH_3\overset{+}{C}HCH_3$ $CH_3\overset{+}{C}HCH_3 + Br^- \rightleftarrows (CH_3)_2CHBr$	$A_H + A_N$	$D_N + D_H$
$CH_3OH + H^+ \rightleftarrows CH_3OH_2^+$ $Br^- + CH_3OH_2^+ \rightleftarrows CH_3Br + H_2O$	$A_h + A_N D_N$	$A_N D_N + D_h$
$CH_3CH=CH_2 + HOAc \rightleftarrows CH_3\overset{+}{C}HCH_3 + {}^-OAc$ ${}^-OAc + CH_3\overset{+}{C}HCH_3 \rightleftarrows (CH_3)_2CHOAc$	$A_H D_{xh} + A_N$	$D_N + A_{xh} D_H$

最初に上げた 2 例のヒドロン移動部分では，右向きの変化では溶媒への結合が切れるところ，左向きの反応では結合が生成するところ，にあたる基本変化にともなって起こる相手の変化は示してない．つまり，機構を表すのに，H や h の下付きの記号が 1 つだけ出てくるということは，溶媒またはそれが解離したイオンが溶液中のヒドロンの相手となっていることを示すものである（これは，必

---

*物理有機化学委員会は，質量数を無視して水素の陽イオンを呼ぶとき，ヒドロンの名称を使うことを推奨している[11a]．つまり，プロトン，デューテロン，トリトンはすべてヒドロンである．

ずしも，観察される速度式に特殊酸や特殊塩基が触媒になっていることを意味するものではない）。

"xh"の下付き文字は，ペリ原子からあるいはペリ原子へのヒドロン移動を記述するのにとくに有効である。次の置換の機構を考えてみよう。

$$BuNH_2 + CH_3COPh \rightleftharpoons BuN^+H_2-\underset{\underset{CH_3}{|}}{\overset{\overset{O^-}{|}}{C}}-OPh$$

$$BuNH_2 + BuN^+H_2-\underset{\underset{CH_3}{|}}{\overset{\overset{O^-}{|}}{C}}-OPh \rightleftharpoons BuN^+H_3 + BuNH-\underset{\underset{CH_3}{|}}{\overset{\overset{O^-}{|}}{C}}-OPh$$

$$BuNH-\underset{\underset{CH_3}{|}}{\overset{\overset{O^-}{|}}{C}}-OPh \longrightarrow BuNH-\overset{\overset{O}{\|}}{C}-CH_3 + {}^-OPh$$

これは，$A_N + A_{xh}D_h + D_N$ として表すことができる。"x"がなければ，第二段階は A_hD_h と書くことになってしまうであろう。これはヒドロンが移動していることは示しているが，ヒドロンを受け入れる先はいくつかあり，そのどれに移動したのか明らかでない。$-O^-$ にヒドロンが移動したのか，あるいは分子内で$-N^+H_2-$から$-O^-$にヒドロンが移動したのか解釈が分かれることになる。しかし，"xh"を用いてキャリヤー原子が関係することを示すことにすれば，酸素のヒドロン化は A_hD_{xh} であり，分子内のヒドロン移動は（キャリヤー原子には関係がないから）A_hD_h ということになる。分子内の変化を強調するためには，接頭辞"intra"を用いることにする（規則4.2参照）。

その他の例

$(CH_3)_3CO^- + (CH_3)_2CHBr \longrightarrow (CH_3)_3COH + CH_2=CHCH_3 + Br^-$ $A_{xh}D_HD_N$

$$\left.\begin{array}{l} F-C_6H_4-NO_2 + R_2NH \longrightarrow R_2\overset{+}{N}H(F)(C_6H_4)NO_2^- \\ R_2NH + R_2\overset{+}{N}H(F)(C_6H_4)NO_2^- \longrightarrow R_2N(F)(C_6H_4)NO_2^- + R_2NH_2^+ \\ R_2\overset{+}{N}(F)(C_6H_4)NO_2^- \longrightarrow R_2N-C_6H_4-NO_2 + F^- \end{array}\right\} A_N + A_{xh}D_h + D_N$$

$$\left.\begin{array}{l} {}^+NO_2 + H-C_6H_4-CH_3 \longrightarrow O_2N(H)(C_6H_4^+)CH_3 \\ B: + H-C_6H_4(O_2N)-CH_3 \longrightarrow O_2N-C_6H_4-CH_3 + HB^+ \end{array}\right\} A_E + A_{xh}D_H$$

ヒドロンの移動に酸素や窒素が関係しているときには，ヒドロン移動の記号を省略してもよいことにする。これは例1.8に示してあるが(あとに出てくる簡単な例および表2参照)，Ingoldの表示で$A_{AC}2$とされていたものが，$A_h+A_N+A_hD_h+D_N+D_h$ あるいは $A_h+A_N+D_N$ あるいはもっと簡単に A_N+D_N で表されることになる。どれを使うかは，その前後の状況による。すでに述べたように，さらに詳細な情報を伝えるには，さらに複雑な一連の記号を使う必要がある。

規則3.1-3.3の理由付け

化学結合ができるさいに，電子対を供与する原子を特定することができるということはかなりの重要性がある。"A"と"D"の記号は，結合が生成した，あるいは結合が切れたことを示すが，電子がどの方向に動いて行ったかを示すことはできない。"A"と"D"に修正項をつけることによっても，関係する2個の原子に区別をつける規則を設けるか，原子に優先順位をつけない限り，この問題の解決にはならない。このようなやり方にはいくつもの可能性があるが，これまでに確立した慣習からして最もなじみやすいものは，反応を置換・付加・脱離といった形式で見るものである。一度そのように決めると，ある種の原子は自動的に他の原子から区別することができ，それを基準点として電子移動の方向を間違いなく表すことができるようになる。

ある反応を置換反応としたとき[10,11]，これまで蓄積された情報と一致するからという理由で，ある原子に優先権を与えると，その原子に起こる変化を強調しようと決めたことにあたる。メタノールと臭化水素との反応を例にとってみよう。

$$CH_3OH + H^+ \rightleftarrows CH_3OH_2^+ \quad Br^- + CH_3OH_2^+ \longrightarrow BrCH_3 + H_2O$$

有機化学者は，通常，この反応を炭素の置換反応として捉える。この見方をするということは，炭素原子に優先順位を与えたということである。すると，この反応は求核置換反応で，炭素が電子対を失って酸素に与え，一方，臭物イオンから電子対を受けとったということになる。この見方をすると，上記の規則によれば，これは $A_h+A_ND_N$ ということになる。古来からの見方ではないが，この反応を酸素上で起こる置換反応と見ることもできる。すると，これは中心原子が炭素ではなく酸素となり，記号による記述は $A_H+A_nD_E$ となる。どのような観点で選ぶかは完全に任意であって主観的であるが，それは問題ではない。この命名法がある特定の機構モデルに対して2つ以上の名前をつけたとしても，それは問題ではないと思われる。唯一の名前を与えるためにはさらにいくつかの規則が必要で，その点に関してはすでに文献がある[6,7,8]。この方法を使えば完全な情報検索に対応できよう。この簡単な命名法で強調したい点は，実際に化学で使われる言葉から離れてしまわないようにすることに重点を置いたということである。

反応を，付加・脱離などとして見ると[10,11]，2つの原子を選び，その間にできる結合の多重度が減少するか増加するかを問題にしていることになる。置換において中心原子を用いたのとまったく同様にして，これら多重結合に関係した原子を基準点に選ぶことが可能である。

この表記法は，結合生成と結合解離の順序をコード化しているだけでなく，機構の記号から変換の型を素早く読み取ることができるという利点をもっている。大文字の下付きを用いる記号が2種類ある。"A"に2種の下付大文字がついたものがあるが，それは付着を意味している。"D"にも

同じように下付きの大文字をつける記号が2種ある。これは脱離を意味する。そこで，"A"と"D"の組合せは置換を意味することになる。3.3節のあとにかかげた例は，したがって，1種の脱離と2種の置換反応であることがすぐにわかるであろう。なかには，2個以上の下付き大文字の記号を組み合わせて示すような機構もあるが，これらは，一般には，この簡単な命名法の埒外である。ただし，簡単な転位の場合は例外である（簡単な例4.1-4.4参照）。

Ingoldの命名で比較的よく使われるものを，この命名法で表すとどうなるかを示したのが表1である。これらの変換は，当然，蓋然的というべきである。その理由は前文にも述べたように，Ingoldの命名法は，本質的に，ここで記述する命名法に比べてあいまいな点が多いからである。

表1　Ingold命名法とこの文書で推奨する命名との比較

Ingold命名法	推奨命名法
S_N2	$A_N D_N$
S_N1（典型的）	$D_N + A_N$
S_E1	$D_E + A_E$
E1	$D_N + D_H$（または$D_N + D_E$）
E2	$A_{xh} D_H D_N$
E1cB*	$A_n D_E + D_N$（または$A_{xh} D_h + D_N$）

* 規則の項で述べる小分類参照

3.4　ホモリシスの過程

2個のラジカルが結合して化学結合が生成したり，逆に化学結合が切れて2個のラジカルになるときには，一般に，結合をつくる原子は，それぞれ1個の電子を供給していると考える。このような過程を示す記号を下付きの文字で表すこととし，"R"または"r"を用いる。

$$\cdot CH_3 + \cdot CH_3 \xrightarrow{"A_R"} CH_3CH_3 \qquad Br_2 \xrightarrow{"D_R"} 2Br\cdot$$

不対電子が，結合をつくる一方の相手のみにあり，他方には不対電子がないとき，その過程は，結合することによってラジカルでないものの電子が不対となると考えることもできるが，結合性の電子対は，基本変化の前も，基本変化中も，基本変化後も対をつくっていると見られることがある。

後者の場合には，不対電子は，反応生成物のp軌道または結合ができようとしている原子間の反結合σ軌道（σ^*）にはいっているものと考えることができる。さらに複雑なことには，不対電子をもつ分子種と電子対をもつ分子種のどちらでも，中心原子と見ることが可能である。それで，仮想上の反応ではあるが，考えられるすべての変化の種類とそれに対応する記号を次に掲げる。それぞれの例では，フェニル炭素が中心原子となっている。

	右向き	左向き
R–⟨○⟩ ⌢ :X⁻ ⟶ R–⟨○⟩–X⁻	A_R	D_R
R–⟨○⟩· ⌢ :Y⁻ ⟶ R–⟨○⟩⁻–Y	A_N	D_N
R–⟨○⟩ ⌢ :Z⁻ ⟶ R–⟨○⟩⁻–Z	A_{RN}	D_{RN}
⁻R–⟨○⟩ ⌢ ·X⁻ ⟶ R–⟨○⟩–X⁻	A_E	D_E
⁻R–⟨○⟩: ⌢ ·Y ⟶ R–⟨○⟩⁻–Y	A_R	D_R
⁻R–⟨○⟩ ⌢ :Z ⟶ R–⟨○⟩⁻–Z	A_{RE}	D_{RE}

注：生成するラジカルアニオンの最も代表的な限界構造式が何であるかは人によって考え方が違うので，命名も一部は人によって違う可能性がある。第三と第六の例では"–"の記号を σ 結合の上に置いているが，これは，不対電子がその結合に関連した反結合 σ 軌道に入っていることを示すものである。

具体例

$C_6H_5C(CH_3)_2NO_2^- \xrightarrow{"D_R"} C_6H_5\dot{C}(CH_3)_2 + :NO_2^-$

$^-O_2NC_6H_4C(CH_3)_2NO_2 \xrightarrow{"D_N"} O_2NC_6H_4\dot{C}(CH_3)_2 + :NO_2^-$

$C_6H_5 \dot{-} I \xrightarrow{"D_{RN}"} C_6H_5\cdot + :I^-$

3.4 節の理由付け

上に述べたモデルの有用性について論ずるのは，この文書の役目ではない。ここでは，形式上異なる基本変化に対して，それに相当する記号を提供しようとしているだけである。二重結合にラジカルが付加する変化は，どちらの分子種が中心原子をもっていたかに関係なく，A_R の記号で表されることがわかるであろう。

$Ph\cdot + CH_2=C(CH_3)_2 \xrightarrow{"A_R"} PhCH_2\dot{C}(CH_3)_2$

3.5 下付き文字を付けない "A" と "D" の記号

下付き文字が付かない "A" と "D" の記号は，これまでに述べてきた下付き文字を決める規則に当てはまらないときに使用する。これが必要になる場合としてよく起こるものに次の2つがある。

1. 基本変化が環状過程の一部であって，電子移動の方向がわかっていない場合。この例は 4.2 節

に記載してある。
2．機構的には合理的でかつ独立した変化が，中心原子をもっていない分子に起こる場合。例は 1.15 を見よ。

規則4．1つの素反応中の基本変化の順序

1つの素反応のなかで2つ以上の基本変化が起こるとき（接続記号がない"A"または"D"の記号あるいはその組合せ）には，それをどの順に記述していくかの規則が必要である。

4.1 電子移動の左から右への約束

可能ならば，反応物の構造式を，生成または切断する結合が1列になるように描く。そうすると，各基本変化（結合生成または結合切断）をその順序に並べることが可能である。一般には，そのような並べ方には2通りが可能であり，それらは電子が左から右に動くものと，右から左に動くものとがある。このとき，電子が左から右に動くものを優先することにする。

非環状の反応機構に対しては，次のような簡単な規則で単一の名前をつくることができる。
1．反応が2分子的ならば，求核分子種を左側におく。
2．反応が1分子的ならば，離核種を右側におく。
3．それらの構造式間を左から右に進むときに起こる過程を順に書いていく。

推奨される形　　　　　　　　　　推奨されない形

HO:⌒ CH₃–I　A_ND_N　　　　I–CH₃ ⌒:OH⁻　　D_NA_N

(CH₃)₃CO:⁻ H–CH₂–CH–Br　$A_{xh}D_HD_N$　　Br–CH–CH₂–H :OC(CH₃)₃⁻　$D_ND_HA_{xh}$
　　　　　　　　CH₃　　　　　　　　　　　CH₃

4.2 環状過程

ペリ環状反応に対しては⁹⁾，その環状反応の成分と見ることができる基本変化に，接頭辞"cyclo-"をつけて示すことにする。その他の閉環あるいは開環の基本変化は接頭辞"intra-"をつけて示す。素反応の一部だけが"cyclo-"あるいは"intra-"の場合は，これらの接頭辞と修飾基本変化はカッコに入れる。

例：

＞C=C＜ + O₂ ⟶ –C–C–　　cyclo-AA
　　　　　　　　　O–O

＞C=C＜ + N₃Ph ⟶ 　　　cyclo-A_NA_E
　　　　　　　　N=N　　　（または cyclo-AA）
　　　　　　　N   N-Ph
　　　　　　　C–C

第 2 章　反応機構の記号による表示

[反応式1] → cyclo-$A_N A_E D_n$
　　　　　　（または cyclo-AAD）

[反応式2] → (intra-A_N)D_N

[反応式3] → A_N(intra-D_N)

[反応式4] → (cyclo-$A_N A_E$)D_n
　　　　　　または ((cyclo-AA)D_n)

　上にあげた例から，下付きの文字を加えて，付加環化や環状脱離の遷移状態の極性を強調したり，環内で起こる基本変化に対して下付き文字を付けないことによって，極性が重要でないことを示したりできることがわかるであろう。このような強調をするかどうかは，発表者の選択に任される。

　下付き文字を使用するとき，規則 4.1 を適用して単一の名前を得ようとすると，生成したり切断したりする結合を直線状に並べなければならないという点が問題になる。これらの結合が 1 つの環を形成する部品であるとすると，直線状に並べるという規則では単一の構造が得られない。そこで，次の補助規則を設けることにする。素反応の環状部分では，中心原子が 2 個関係する基本変化を最初に掲げ，ついで中心原子が関係しないものを掲げる。中心原子の関与する基本変化が下付きの文字を付けて表される場合には，それを並べる順番は規則 4.1 に述べた電子が左から右へ移動する規則に合致するようにする。この規則によると，付加機構では A_N が A_E に優先し，脱離機構では D_E が D_N に優先する。求核置換は（$D_N A_N$ ではなく）$A_N D_N$ であり，求電子置換は（$A_E D_E$ でなく）$D_E A_E$ である。中心原子が関係しない基本変化は，最後に掲げる基本変化に対して分子的にどれだけ近接しているかで順序を決め，中心原子が関係する変化に準じて記述する。環状過程を表すときに最初に 2 中心原子の記号を置くと，下付き文字を使わなくても，付加・脱離・置換の反応を容易に見分けることができる。このため，上記第三の例は，付加環化（cyclo-AAD）である。この逆が環状脱離（cyclo-DDA）であることは明らかであろう。

　上記の 4 番から 6 番の例は，素反応を表す一連の記号のうち，その一部だけで，環が関係する基本変化を記述できる例である。端にあるカッコは，口頭発表の場合は "with（を伴う）" を用いてその位置を表すことができよう。したがって，上記 4 番目の例は「D_N を伴う intraA_N」（intraA_N with D_N）と発音する。後ろに，転位の例も含めて，いくつかの環状過程の一般例を扱うことにする。

4.3　その他の例

　規則 4.1 および 4.2 でカバーできない例については，任意に "D" のまえに "A" の記号を置いて

89

表すことにする。これは，とくにホモリシスの場合に有効である。もし2つの"A"または2つの"D"から選択する必要がある場合には，"N"の下付き文字をもつものを第一に置くことにする。

4.4 基本変化の番号付け

　この簡単な規則を，もう少し複雑な系に適用することも可能である。その場合には，基準原子の相対的な位置を，数字の接頭辞を付けて表すことにする。このやり方は，たとえばIngoldの命名では，通常のS_N2機構とアリル置換の機構を区別するためにS_N2'を用いたのに対応する（簡単な例1.1参照）。このようにしてS_N2'の機構を表すと$3/1/A_ND_N$となり，通常のA_ND_Nとははっきりと区別することができる。なお，A_ND_Nは$1/1/A_ND_N$を省略したものだと理解される。このとき，アラビア数字の後ろにスラッシュを付けることによって，基本変化の相対的位置が示されていることに注意してほしい。このやり方は，間もなく出版されることになっている「有機化学変換命名法」[11]の勧告にしたがっている。付加（"A"の後ろに下付き大文字で示すもの2種）および脱離（"D"の後ろに下付き大文字で示すもの2種）の機構を示す一連の記号は，特別に付言しない限り，2個の中心原子の間が1/2/の関係にあると仮定している。もし素反応を示す一連の記号が中心原子に関する基本変化とペリ原子に関する基本変化の両方を含んでいる場合には，ふつう最初に2個の接頭辞を付ければ十分である。このさい，この接頭辞は中心原子に関する基本変化を示しているものとする（簡単な例1.6参照）。2個以上の中心原子が関与する基本変化がある場合には，はっきりさせるために数字の接頭辞を付ける必要がある。反応機構のモデルをコード化する，あるいはコードを解読するという作業は，この程度の複雑さになってくるとかなりの手間を要するが，この規則の応用範囲はぐんと拡大する。このようなやり方が重要だとわかる反応としては転位がある（簡単な例4.1-4.4参照）。

規則5．拡散会合（diffusional combination）"C"と拡散分離（diffusional separation）"P"

　拡散会合ならびに会合体の反応物と生成物への拡散分離はよく知られており，これらを特別に定義する必要はないものと思われる。しかし，ときには，それ自身が律速段階となる場合のように，これらの段階をはっきりさせることが望ましいこともある。このようなときは，反応種が集まったり組合せをつくって会合錯体となる段階を"C"で表すことにする。そして，それが分離して生成物になる段階を"P"で表す。これらの記号は，"A"や"D"で表されるほどはっきりとしていない錯体，たとえば水素結合やイオン対の生成や分離に使うことができる。拡散の過程が動力学的に意味があるためには，それに関連した過程も同じぐらいの速度で進行するものでなければならない。この過程は，"＋"の記号を用いるよりは"＊"の記号を用いて表すほうがよい（規則2）。

　2個以上の種が接している，あるいは1個以上の溶媒分子が間に入って弱い会合体をつくっている場合には，緊密を意味するint（intimate）または溶媒隔離を意味するss（solvent-separated）を下付き文字として付けることにする。これらの下付き文字は錯体が生成する段階を示す記号に付けるものとする。

第 2 章　反応機構の記号による表示

例：

$$CH_3COOH + N(CH_3)_3 \rightleftarrows CH_3COOH\cdots N(CH_3)_3 \rightleftarrows CH_3COO^-\cdots {}^+HN(CH_3)_3$$
$$CH_3COO^-\cdots {}^+HN(CH_3)_3 \rightarrow CH_3COO^- + {}^+HN(CH_3)_3$$

$$C*D_HA_H*P$$

（使用法を示すため，上例には "C" と "P" の記号が両方とも使ってあるが，通常は "C" または "P" のどちらかが使われることになる．規則 7.1 律速段階の記述参照）

$$Ar(CH_3)_2CBr + R'OH \rightarrow Ar(CH_3)_2C^+\cdots R'OH\cdots Br^- \rightarrow Ar(CH_3)_2COR' + Br^- + H^+$$

$D_{Nss}*A_N$	溶媒介入イオン対の生成と加溶媒分解
$D_{Nss}*P+A_N$	溶媒と反応する前にイオン対が自由イオンへ解離する場合
D_N*P+A_N	上に同じ．ただしイオン対の性格が不明の場合

規則 6．電子移動

　分子間または分子内にある基の間で電子移動が起こる場合は，必ずしも強い結合ができるわけではない．そのため，結合の生成や開裂という形で表すのが困難なことも多い．電子移動には別の記号を使うことにし，"T" とする．この記号は電子 1 個が移動したことを表すことにし，そのさい，機構に関する記述がなくても使えるものとする．

$$D^n + A^m \rightarrow D^{n+1} + A^{m-1} \qquad T$$
$$D^n + A^m \rightarrow D^n\cdots A^m \rightarrow D^{n+1}\cdots A^{m-1} \rightarrow D^{n+1} + A^{m-1} \qquad C+T+P$$

（ここで使っている D と A の記号は，電子供与体と電子受容体を表している）．まず電子移動が起こって，それから求核種と求電子種間に付着の変換が起こるときは，次のように書いて区別することができる．

$$X:^- + Q^+ \rightarrow X\cdot + Q\cdot \rightarrow X-Q \qquad T+A_R$$

簡単な例

　よく出てくる置換・付加・脱離の機構が，これまで述べてきた記号を用いてどのように表されるか，次に述べることにする．Ingold の分類との関係も述べることにする．ホモリシスが関係する過程は，それとよく似たイオン過程とは別に述べることとする．
　それぞれの機構について，1 個の炭素中心原子が関係し，入ってくる基と出ていく基を一般化して，基本になる形を示す．炭素 "基質" を選んだのは，教科書の記述と関連させようとしたからであるが，もちろん，炭素に限るというわけではない．以下の例では，求核種は負電荷をもったもの，求電子種は陽電荷をもったものとして書いているが，これは電荷が釣り合わないと困るからである．このような電荷がないとそういう変化が起こらないというわけではない．求核種や離核種にある電子対は，よく使われる "2 個の点" で示している．そのような "点" がなければ，求電子種または離

電子種を表している。さらに読者の便宜のため，次の約束をしていることを付け加えておく。求核種 $X:^-$，離核種 $Y:^-$，求電子種 Q，離電子種 Z，移動基 M，供用（utility）基 U。ラジカル種は1個の"点"を文字の中段（日本語では中黒の位置）に付けて示す。

よくでてくる置換反応

1.1 最もよくでてくる置換の機構に，1個の原子で起こる1段階，協奏求核置換がある。

$$X:^- \ + \ -\overset{|}{\underset{|}{C}}-Y \ \longrightarrow \ X-\overset{|}{\underset{|}{C}}- \ + \ Y:^-$$

これは Ingold の命名では S_N2 といわれるものであるが，新しい命名では A_ND_N となる。

S_N2 機構のビニローグは，これまで S_N2' と呼ばれてきたが，1位に離核種があり2位と3位の間に多重結合がある分子に，離核種がついている原子から数えて3番目の原子に求核種がつき，離核種が離れていく1段階，協奏的求核置換である。

$$X:^- \ + \ \underset{3}{C}=\underset{2}{C}-\underset{1}{\overset{|}{\underset{|}{C}}}-Y \ \longrightarrow \ X-\underset{3}{\overset{|}{\underset{|}{C}}}-\underset{2}{C}=\underset{1}{C} \ + \ :Y^-$$

この過程は $3/1/A_ND_N$ である。

1.2 1個の原子に起こる1段階，協奏的求電子置換

$$-\overset{|}{\underset{|}{C}}-Z \ + \ Q^+ \qquad -\overset{|}{\underset{|}{C}}-Q \ + \ Z^+$$

この機構は D_EA_E と命名する。これは，Ingold の命名では S_E2 と呼ばれてきたものである。

S_E2 過程のビニローグは，従来 S_E2' と呼ばれていたが，1位の原子に離電子種があって2位と3位の間に多重結合がある分子から離電子種が離れ，3位に求電子種がつくことによって起こる1段階，協奏的置換である。

$$Z-\underset{1}{\overset{|}{\underset{|}{C}}}-\underset{2}{C}=\underset{3}{C} \ + \ Q^+ \ \longrightarrow \ \underset{1}{C}=\underset{2}{C}-\underset{3}{\overset{|}{\underset{|}{C}}}-Q \ + \ Z^+$$

この機構は $1/3/D_EA_E$ と呼ばれる。

1.3 A_ND_N の変形と考えられるものに，離核原子あるいは離核基となるものが求電子種につき，その後1段階の求核置換が起こるものがある。

$$-\overset{|}{\underset{|}{C}}-Y: \ + \ Q^+ \ \longrightarrow \ -\overset{|}{\underset{|}{C}}-\overset{+}{Y}-Q \qquad X:^- \ + \ -\overset{|}{\underset{|}{C}}-\overset{+}{Y}-Q \ \longrightarrow \ X-\overset{|}{\underset{|}{C}}- \ + \ :Y-Q$$

この機構はこれまで S_N2cA または A2 機構と呼ばれてきたものであるが[12]，今回の表示法では $A_e + A_N D_N$（もし求電子種がヒドロンなら $A_h + A_N D_N$）となる。

1.4 同様に $A_E D_E$ の変形に求核種がまず離電子原子もしくは基に配位したのち，1 段階で求電子置換が起こるものがある。

$$X^{:-} + Z{-}\overset{|}{\underset{|}{C}}{-} \longrightarrow X{-}\overset{-}{Z}{-}\overset{|}{\underset{|}{C}}{-} \quad X{-}\overset{-}{Z}{-}\overset{|}{\underset{|}{C}}{-} + Q^+ \longrightarrow Q{-}\overset{|}{\underset{|}{C}}{-} + X{-}Z$$

これは $A_n + D_E A_E$ 機構という。この機構は Ingold の命名法では特別な名称は与えられていないようである。ただし，反応が起こる前に X と Q が結合する例は名称が与えられており，それについては以下に示してある。

1.5 比較的よく起こる $D_E A_E$ 型の機構で，Ingold の命名で $S_E C$ または $S_E 2$ とされるものがある[13,14]。これは，求核種がまず離電子原子または基に配位し，その後 1 個の原子上で求核置換が起こるものである。これは，求核種と求電子種が置換の段階より前に結合し，そのあとで求電子種との結合生成と離電子種との結合切断とが同時に起こっているという意味で，$A_n + D_E A_E$ 機構とは違う。

$$Q{-}X: + Z{-}\overset{|}{\underset{|}{C}}{-} \longrightarrow X{-}\overset{Q}{\underset{|}{Z}}{-}\overset{|}{\underset{|}{C}}{-} \quad (X{-}\overset{Q}{\underset{|}{Z}}{-}\overset{|}{\underset{|}{C}}{-}) \longrightarrow {:}X{-}Z + Q{-}\overset{|}{\underset{|}{C}}{-}$$

この機構は $A_n + cyclo\text{-}D_E A_E D_n$ である。この機構では，4 個の結合変化が関係し，この命名法の文書ではかなり難しい名前となっている。しかし，この命名によって，この変換がまずペリ原子に求核攻撃が起こってから進行する求電子置換であるという機構を容易に知ることができる。"cyclo" の接頭辞は，この過程が環状の性格をもっていることを示す。したがって，4 個の記号を使って複雑なように見えても，この命名法の論理からすれば当然のことで，問題なくわかることとなるのである。

1.6 $D_E A_E$ のもう一つの変形に，1.5 で定義した $A_n + cyclo\text{-}D_E A_E D_n$ 機構とよく似ているが，4 個すべての結合変化が同時に起こるという点で違うというものがある。

$$-\overset{|}{\underset{|}{C}}{-}Z \quad :X{-}Q \longrightarrow -\overset{|}{\underset{|}{C}}{-}Q + Z{-}X:$$

これは $cyclo\text{-}D_E A_E D_n A_n$ 機構と呼ぶ。この記号からコードを解読すると，すぐにこの反応は 1 個の中心原子上に起こる求電子置換反応であることがわかる。あと 2 つの記号で表される基本変化があり，それらは，求電子原子と離電子原子とをつないで環をつくるように進行するものである。小文字の下付きを使った記号を用いた理由については，規則 4.2 に記載されている。この機構は，これまで $S_E i$ または $S_F 2$ と呼ばれていたものである[15,16]。

cyclo-$D_EA_ED_nA_n$ 過程のビニローグも存在する。これは以前 S_Ei' 機構と呼ばれていたものである[17]。

$$\begin{array}{c} Q\ \ \ X: \\ | \ \ \ \ Z \\ C-C- \\ \| \\ C \\ | \end{array} \longrightarrow \begin{array}{c} Q \\ | \\ C\ \ \ C- \\ \| \\ C \\ | \end{array} + Z-X:$$

これは今回の命名では cyclo-1/3/$D_EA_ED_nA_n$ 機構となる。

1.7 非協奏的置換の機構で，まず求核種が付加しついで離核種が離れる段階を経るものがある。

$$X:^- + U=C-Y \longrightarrow {}^-U-C-X \qquad {}^-U-C-X \longrightarrow U=C-X + :Y^-$$
$$\phantom{X:^- + U=C-Y \longrightarrow {}^-U-}||$$
$$\phantom{X:^- + U=C-Y \longrightarrow {}^-U-}YY$$

これは A_N+D_N（または $A_N * D_N$）機構となる。この機構で炭素に置換基が導入される例は，文献にある限り，すべて不飽和の炭素に関するものである。この機構は，エステルのカルボニル炭素でアルコキシ基がヒドロキシル基に変化する場合に $B_{AC}2$[18]，芳香族炭素に起こる場合に S_NAr[19]，オレフィン炭素の場合に Ad_N-E[20] と呼ばれてきた。これらの呼び方は，反応機構というより基質の構造によって決まっていたものであるが，今回の機構命名法は，基質まで決めようというものではない。基質のタイプによって区別する方法については，付録 A に記載されている。

1.8 A_N+D_N 機構の特別な場合として，離れようとする離核原子または基が，実際に離れる前に求電子種と結合をつくる場合がある。これは，別の分類にするのが適当であろう。例1.7にあげた A_N+D_N の機構の特殊な場合として，このような例を見ることができる。

$$X:^- + U=C-Y: \longrightarrow {}^-U-C-X:$$
$$|$$
$$Y$$

$${}^-U-C-Y: + Q^+ \longrightarrow {}^-U-C-\overset{+}{Y}-Q$$
$$||$$
$$XX$$

$${}^-U-C-\overset{+}{Y}-Q \longrightarrow U=C-X + :Y-Q$$
$$|$$
$$X$$

これまでやってきた方法にしたがって，この機構は $A_N+A_e+D_N$ と定義される。この範疇に属するものに，これまで $A_{AC}2$ と呼ばれ，エステルの加水分解に限って使われていたものがある[21]。これも $A_N+A_e+D_N$ の一般的な定義に入るものであるが，まずヒドロンがカルボニル酸素に結合するという前段階があり，最後にヒドロンが失なわれるという段階がある。それで，この反応は $A_h+A_N+A_hD_h+D_N+D_h$ と表される。もう1つしばしば出てくる変形に，上の例で：X で表される求核種

が，一度：X–Q をつくり，最後には Q を失うというものがある。このような求電子種がはたらく過程は，そのほうが便利ならば，$A_N + A_e + D_N$ のなかの小分類に含めてもよい。

1.9 求電子種が付加したのち，離電子種が別段階で離れていくという非協奏的置換がある。

$$Q^+ + U=C-Z \longrightarrow {}^+U-\underset{Q}{\overset{|}{C}}-Z \qquad {}^+U-\underset{Q}{\overset{|}{C}}-Z \longrightarrow U=C-Q + Z^+$$

これは $A_E + D_E$ 機構と呼ばれる。この形で最もよく出てくるものは求電子芳香族置換である（一例が規則 3.3 との関連で述べられている）。この反応は，Ingold によれば S_E2 である[22]。

1.10 結合ができる前に結合開裂が起こるという置換もある。最もよく知られている例は，たぶん，まず離核種が失われ，ついで求核種が攻撃するというものであろう。

$$-\overset{|}{\underset{|}{C}}-Y \longrightarrow -\overset{|}{\underset{|}{C}}{}^+ + :Y^-$$

$$X:^- + -\overset{|}{\underset{|}{C}}{}^+ \longrightarrow -\overset{|}{\underset{|}{C}}-X$$

この過程で，第一段階が律速段階ならば，S_N1 反応の典型的な例ということになる。今回の命名法によれば，この過程は $D_N + A_N$ である。：Y^- がカルボン酸陰イオンの場合には，とくに $B_{AL}1$ 機構とも呼ばれている。

この機構のビニローグに，まず 1 位から離核種が離れ，ついで 3 位に求核種がつくというものがある。これは以前にはプライムをつけて区別したものである。この反応の基質には 2 位と 3 位の間に多重結合がなくてはならない。

$$\underset{3}{C}=\underset{2}{\overset{|}{C}}-\underset{1}{\overset{|}{C}}-Y \longrightarrow {}^+\underset{3}{\overset{|}{C}}\cdots\underset{2}{\overset{|}{C}}\cdots\underset{1}{\overset{|}{C}} + :Y^-$$

$$^-X: + {}^+\underset{3}{\overset{|}{C}}\cdots\underset{2}{\overset{|}{C}}\cdots\underset{1}{\overset{|}{C}} \longrightarrow X-\underset{3}{\overset{|}{C}}-\underset{2}{\overset{|}{C}}=\underset{1}{C}$$

中間体は，通常，アリル型の陽イオンである。この機構は $1/D_N + 3/A_N$ と命名する。

1.11 離電子種がまず失われついで求電子種が攻撃する機構。

$$-\overset{|}{\underset{|}{C}}-Z \longrightarrow -\overset{|}{\underset{|}{C}}: + Z^+$$

$$-\overset{|}{\underset{|}{C}}:^- + Q^+ \longrightarrow -\overset{|}{\underset{|}{C}}-Q$$

これは，以前は S_E1 と呼ばれていたが，今回の命名では D_E+A_E となる。

1.12　D_N+A_N 機構のなかで，S_N1cA とか A1 と呼ばれていた機構，つまり求電子種の助けによって進行するものがある[23,24]。これらは，まず離れようとする離核原子または離核基が求電子種に配位し，ついで離核種が離れて行くもので，この最初の配位がなければ，例 1.10 に述べた D_N+A_N の一例になるものである。

$$-\underset{|}{\overset{|}{C}}-Y: \ + \ Q^+ \longrightarrow -\underset{|}{\overset{|}{C}}-\overset{+}{Y}-Q$$

$$-\underset{|}{\overset{|}{C}}-\overset{+}{Y}-Q \longrightarrow -\underset{|}{\overset{|}{C}}{}^+ \ + \ :Y-Q$$

$$X:^- \ + \ -\underset{|}{\overset{|}{C}}{}^+ \longrightarrow -\underset{|}{\overset{|}{C}}-X$$

この機構は $A_e+D_N+A_N$（または $A_h+D_N+A_N$）である。

この機構に属する過程には2つあり，これまで $A_{AC}1$ および $A_{AL}1$ と呼ばれてきた[25]。これらは，それぞれ，エステルのカルボニル酸素およびエステルのアルキル基に起こる $A_h+D_N+A_N$ 過程である。これに関連する機構として，第一の段階でヒドロンが基質へ移動する変化と離脱基の離脱とが同時に起こるものがある。これは $D_NA_h+A_N$ である。この機構で求電子種が決まっていない一般的な表現法は $D_NA_e+A_N$ である。

1.13　D_E+A_E（例1.11）の過程ではあるが，その前に離れようとする離電子種に求核種の攻撃が起こる場合。

$$X:^- \ + \ Z-\underset{|}{\overset{|}{C}}- \longrightarrow X-\bar{Z}-\underset{|}{\overset{|}{C}}-$$

$$X-\bar{Z}-\underset{|}{\overset{|}{C}}- \longrightarrow X-Z \ + \ :\underset{|}{\overset{|}{C}}{}^-$$

$$-\underset{|}{\overset{|}{C}}:^- \ + \ Q^+ \longrightarrow -\underset{|}{\overset{|}{C}}-Q$$

この機構は $A_n+D_E+A_E$ となる。

1.14　求電子置換機構のうち，離れようとする離電子種への求核攻撃とその離脱とが同時に起こる場合がある。このあと，求電子種が攻撃を仕掛ける別段階がある。

$$X:^- \ + \ Z-\underset{|}{\overset{|}{C}}- \longrightarrow X-Z \ + \ :\underset{|}{\overset{|}{C}}{}^-$$

$$-\underset{|}{\overset{|}{C}}:^- \ + \ Q^+ \longrightarrow -\underset{|}{\overset{|}{C}}-Q$$

これは $A_nD_E + A_E$ 機構である。この機構で起こる反応としては，カルボン酸の塩基触媒による H と D の交換がある。この場合には，$A_{xh}D_H + A_HD_{xh}$ と書くことができる。
これは，これまで $S_E1(N)$ または $S_E1\text{-}X$ と書かれていたものである[26]。

1.15 これらよりは少し複雑な置換の機構に，S_Ni 過程なのだが協奏的ではないというものがある[27]。まず離核基が脱離し，その後その離核基のなかで結合開裂が起こって，求核種が発生し，その求核種が置換位置に攻撃を仕掛けるというものである。

$$-\overset{|}{\underset{|}{C}}-Y-X \longrightarrow -\overset{|}{\underset{|}{C}}^+ + {}^-\!:Y-X$$

$$:Y-X \longrightarrow Y + X\!:^-$$

$$X\!:^- + -\overset{|}{\underset{|}{C}}^+ \longrightarrow -\overset{|}{\underset{|}{C}}-X$$

この過程は $D_N + D + A_N$ である。独立した "D" の記号に下付きの文字がないのは，"e" や "n" の記号を使うと中心原子を含む分子内で結合解離が起こったことになってしまうからである（規則 3.5 参照）。結合開裂によって生成した求核種が内部復帰することを強調したい場合には，$D_{Nint} * D * A_N$ とすることができよう。

よくでてくる付加機構

2.1 AA の分類にはよく知られたものがいくつかある。これらは Ingold 型の命名では Ad3 と呼ばれるもので[28]，次の例で示すことができる。

$$X\!:^- + \overset{|}{\underset{|}{C}}\!=\!\overset{|}{\underset{|}{C}} + Q^+ \longrightarrow X-\overset{|}{\underset{|}{C}}-\overset{|}{\underset{|}{C}}-Q \quad (1\text{ 段階})$$

この機構を完全に表すには A_nA_E の記号を使う。この記号は，2 種の独立な反応種が不飽和系に同時に付加する場合すべてに使える。これは，E2 反応（D_EA_E または $A_nD_ED_N$）の逆過程である。

2.2 AA 機構と密接な関係をもつものに次の例がある。

$$X-Q + \overset{|}{\underset{|}{C}}\!=\!\overset{|}{\underset{|}{C}} \longrightarrow -\overset{X}{\underset{|}{C}}-\overset{Q}{\underset{|}{C}}- \quad (1\text{ 段階})$$

これは cyclo-$A_NA_ED_n$ と表される。この名称は，2 つの基が不飽和系に結合すると同時に結合が切れるという変化ならどれにでも使える。基本変化の順序は規則 4.2 に決められたものに従っている。cyclo-$A_NA_ED_n$ という記号は遷移状態において結合に極性が生じていることを示しているが，極性の向きは示していない。遷移状態で，どちら向きに電子が片寄ったとしても，その名称は同じである。もし分極がほとんどないかまったくないときには，上記の代わりに cyclo-AAD を使ったほうがよい。さらに，この機構では，3 種の基本変化はいずれも環をつくる一部になっていることに注意する必要がある。環状にならないような機構については第 4 部で述べるようなカッコによって環状に

なる成分を示すことにする。

2.3 AA 機構のもう一つの例は、協奏的付加環化である。これは cyclo-AA と表す。

$$X=Q + \overset{|}{\underset{|}{C}}=\overset{|}{\underset{|}{C}} \longrightarrow \overset{X-Q}{\underset{|}{-\overset{|}{C}-\overset{|}{C}-}}$$

名前をつける人の意向によっては、"A" 記号の後ろに、下付きの "N" や "E" を付けてもよい。しかし、この反応機構で進行する過程は、たいていの場合、電子の片寄りが生じない。この記号は、反応種と不飽和系との間に、同時に 2 つの結合が形成され、その他の結合ができたり切れたりすることのない場合に用いることができる。

付加環化やその他のペリ環状反応の特質を記述するには Woodward と Hoffmann によって提唱され[29] 一般に受け入れられている命名があり、それ以上に付け加えるつもりはない。この命名法は結合生成の順序に重点をおいて機構を記述しようとするものである。区別をはっきりさせるために付け加えれば、ある [$\pi 4s + \pi 2s$] の反応が AA の機構で進行するのか $A_R + A_R$ の機構で進行するのかは、なお議論が可能なのである。

2.4 求核種が先に付加をして、ついで求電子種が付加する機構。

$$X:^- + \overset{|}{\underset{|}{C}}=\overset{|}{\underset{|}{C}} \longrightarrow X-\overset{|}{\underset{|}{C}}-\overset{|}{\underset{|}{C}}:^- \qquad X-\overset{|}{\underset{|}{C}}-\overset{|}{\underset{|}{C}}:^- + Q^+ \longrightarrow X-\overset{|}{\underset{|}{C}}-\overset{|}{\underset{|}{C}}-Q$$

これは $A_N + A_E$（または $A_N + A_H$）機構である。

2.5 求電子種が先に付加して、あとから求核種が付加する機構。

$$\overset{|}{\underset{|}{C}}=\overset{|}{\underset{|}{C}} + Q^+ \longrightarrow {}^+\overset{|}{\underset{|}{C}}-\overset{|}{\underset{|}{C}}-Q \qquad X:^- + {}^+\overset{|}{\underset{|}{C}}-\overset{|}{\underset{|}{C}}-Q \longrightarrow X-\overset{|}{\underset{|}{C}}-\overset{|}{\underset{|}{C}}-Q$$

これは $A_E + A_N$（または $A_H + A_N$）である。

よくでてくる脱離

3.1 2 つの解離をする成分が同時に離れていく過程。

$$Y-\overset{|}{\underset{|}{C}}-\overset{|}{\underset{|}{C}}-Z \longrightarrow \overset{|}{\underset{|}{C}}=\overset{|}{\underset{|}{C}} + :Y^- + Z^+$$

これは $D_E D_N$ 機構である。この型の機構は、もっと複雑な機構の一部として起こることは多いが、単独でこの機構だけが起こるという例は比較的少ない。

3.2 以前に E2 または E2H で表すことにしていた協奏的脱離機構[30,31]は、離電子基が求核種と結合すると同時に、離核原子または離核基と離電子原子または離電子基が基質から抜けていく過程と定義することができる。

$$X:^- + Z-\underset{|}{\overset{|}{C}}-\underset{|}{\overset{|}{C}}-Y \longrightarrow X-Z + \underset{|}{C}=\underset{|}{C} + :Y^-$$

この機構は $A_nD_ED_N$ である。この機構の変形としてよく出てくるものに $A_{xh}D_HD_N$ の記号で表されるものがある。

3.3 もう1つの変形は, 離核基が離電子基と結合をつくり, それと同時にこれら2つの基が基質から抜けていくものである。

$$-\underset{|}{\overset{Z}{C}}-\underset{|}{\overset{:Y}{C}}-Y \longrightarrow \underset{|}{C}=\underset{|}{C} + :Y-Z$$

これは cyclo-$D_ED_NA_n$ 機構ということができる。この機構は Ingold の命名では Ei となる[32]。この機構は熱分解の脱離にしばしば見られる。

3.4 $A_e+A_nD_N$ の置換と類似した脱離機構に, 離核基が求電子種とまず結合をつくり, ついで協奏的な D_ED_N (3.1) または $A_nD_ED_N$ (3.2) の過程が起こるというものがある。

$$Z-\underset{|}{\overset{|}{C}}-\underset{|}{\overset{|}{C}}-Y: + Q^+ \longrightarrow Z-\underset{|}{\overset{|}{C}}-\underset{|}{\overset{|}{C}}-\overset{+}{Y}-Q$$

$$Z-\underset{|}{\overset{|}{C}}-\underset{|}{\overset{|}{C}}-\overset{+}{Y}-Q \longrightarrow \underset{|}{C}=\underset{|}{C} + :Y-Q + Z^+$$

あるいは, 第二の段階が次の形をとるものもある。

$$X:^- + Z-\underset{|}{\overset{|}{C}}-\underset{|}{\overset{|}{C}}-\overset{+}{Y}-Q \longrightarrow X-Z + \underset{|}{C}=\underset{|}{C} + Y-Q$$

これらの機構はそれぞれ $A_e+D_ED_N$ および $A_e+A_nD_ED_N$ と名付ける。

3.5 最もよくでてくる D+D の機構は, いわゆる E1 反応で, 離核原子あるいは離核基がまず脱離し, ついで離電子基が離れていくものである。

$$Z-\underset{|}{\overset{|}{C}}-\underset{|}{\overset{|}{C}}-Y \longrightarrow Z-\underset{|}{\overset{|}{C}}-\underset{|}{\overset{|}{C}}^+ + :Y^-$$

$$Z-\underset{|}{\overset{|}{C}}-\underset{|}{\overset{|}{C}}^+ \longrightarrow Z^+ + \underset{|}{C}=\underset{|}{C}$$

これは D_N+D_E （または D_N+D_H）機構である。

　3.6　D_N+D_E の機構では，ふつう，離電子原子あるいは離電子基が求核種とともに離れていくので，離核原子または離核基が離れたあとで，離電子原子または離電子基が，基質から離れると同時に求核種と結合をつくるという過程は，上のものとは区別したほうがよい。

$$Z-\overset{|}{\underset{|}{C}}-\overset{|}{\underset{|}{C}}-Y \longrightarrow Z-\overset{|}{\underset{|}{C}}-\overset{|}{\underset{|}{C}}{}^+ + :Y^-$$

$$X:^- + Z-\overset{|}{\underset{|}{C}}-\overset{|}{\underset{|}{C}}{}^+ \longrightarrow X-Z + \overset{|}{C}=\overset{|}{C}$$

この過程は $D_N+A_nD_E$（または $D_N+A_{xh}D_E$）となる。大部分のいわゆる E1 過程に対しては，単に D_N+D_E と書くよりは，このほうがより正確だといえよう。

　3.7　E1cA と呼ばれる機構があるが[33]，これは離核基が求電子基に結合し，ついで $D_N+A_nD_E$ の 2 段階過程が起こるものである。

$$Z-\overset{|}{\underset{|}{C}}-\overset{|}{\underset{|}{C}}-Y: + Q^+ \longrightarrow Z-\overset{|}{\underset{|}{C}}-\overset{|}{\underset{|}{C}}-\overset{+}{Y}-Q$$

$$Z-\overset{|}{\underset{|}{C}}-\overset{|}{\underset{|}{C}}-\overset{+}{Y}-Q \longrightarrow Z-\overset{|}{\underset{|}{C}}-\overset{|}{\underset{|}{C}}{}^+ + :Y-Q$$

$$X:^- + Z-\overset{|}{\underset{|}{C}}-\overset{|}{\underset{|}{C}}{}^+ \longrightarrow X-Z + \overset{|}{C}=\overset{|}{C}$$

これは $A_e+D_N+A_nD_E$（あるいは $A_h+D_N+A_{xh}D_H$）と呼ばれる。

　3.8　離電子基がまず離れてから起こる非協奏的脱離はふつう E1cB と呼ばれる[34]。この型の機構で最もよく出てくる変形は，求核種がまず離電子原子または離電子基と結合をつくると同時に基質から離れ，ついで離核原子または離核基が離れていくというものである。

$$X:^- + Z-\overset{|}{\underset{|}{C}}-\overset{|}{\underset{|}{C}}-Y \longrightarrow X-Z + {}^-:\overset{|}{\underset{|}{C}}-\overset{|}{\underset{|}{C}}-Y$$

$${}^-:\overset{|}{\underset{|}{C}}-\overset{|}{\underset{|}{C}}-Y \longrightarrow \overset{|}{C}=\overset{|}{C} + :Y^-$$

これは $A_nD_E+D_N$（または $A_{xh}D_H+D_N$）機構である。

よくでてくる転位機構

　転位と呼ばれる過程のなかで最も簡単なものは，1 分子内のある位置からもう 1 つの位置へ原子

第2章 反応機構の記号による表示

または原子団が移動するものである。実際には，その転位の前やあとにいろいろなことが起こる場合もある。この命名法でどのように転位を扱うかを示すために，転位によって求核置換過程が中断される場合を選んで例示することとする。求核過程の下付きの文字"N"を"R"や"E"に変えることによってラジカルや求電子過程に，概念上は，変えることができる点を思い起こしてほしい。4.2-4.4 に述べる過程は，2個以上の基本変化を含んでいるが，その求電子あるいはラジカル過程では，基本変化の順序を規則 4.1 と 4.3 に合うように変える必要がある。

4.1 ある意味では，最も簡単なのは，それぞれの基本変化が各素反応に対応している場合である。

この機構は $1/D_N + \text{intra-}1/A_N + \text{intra-}2/D_N + 2/A_N$ である。移動の原点と終点との両方を中心原子として選んでいる。したがって，以前に S_N1' とされていた機構が $1/D_N + 3/A_N$ となった（簡単な例 1.10 参照）のとよく似た形で，$1/D_N + 2/A_N$ の 2 中心置換反応となるのである。この反応はまた，1 の原子（接頭辞"1/"にのみ注目している）における置換であると同時に 2 の原子に起こる置換でもある。1 つの"A"記号および 1 つの"D"記号に intra の記号を付けて修飾しないと，この反応は脱離（N の下付き文字が付いた"D"記号が 2 つ）と付加の反応（2 つの N が下付きになった"A"記号）との組合せだと誤解される可能性がある。全体の反応としては，このような機構で変化が実際に起こることはもちろん可能だからである。したがって，この転位は，転位機構を示すのに，大文字を下付きにして示す基本変化を 2 つ以上並べるものとしては，われわれが推奨できる唯一の例ということになる。もちろん，置換・脱離・付加を何回も使って，あるいはそれらを組み合わせていろいろな反応の機構を示そうとすることも可能ではあるが，この文書に提案するような簡単な系では誤解を生む恐れがあるので，その危険性をよく理解しておく必要がある。

上に述べた基本的なやり方は，転位の原点と終点とがいくつかの原子で隔てられているときにも使うことができる。たとえば，次のような順の転位が起こるとき，

101

intra-1/A_N＋intra-4/D_N で表すことが可能である。全体の機構は上述の1, 2-転位に似ており，したがって，1/D_N＋intra-1/A_N＋intra-4/D_N＋4/A_N で全過程を表すことができる。転位する基Mに含まれる原子はもともと転位の原点に結合していたわけであるが，これが転位の終点に付くことによって転位が終わるというのが，ここでの位置番号を付けるにあたっての了解である。もちろん，閉環や開環の関係する付加や脱離に提案されている方法で[11]，さらに完全な番号付けを行って転位を取り扱うことも可能である。次に挙げる例は，1, 2-転位を例として命名してあるが，さらに大きな環が関係する場合にも，上の例に従って命名可能である。

4.2　4.1節で述べたように，転位が1個の素反応で起こり，環状の中間体を通らない場合がある。入ってくる基の攻撃と出ていく基の離脱とが別々に起こるならば，その機構は次のように表され，

$$M-\overset{|}{\underset{|}{C}}-\overset{|}{\underset{|}{C}}-Y \longrightarrow M-\overset{|}{\underset{|}{C}}-\overset{|}{\underset{|}{C}}{}^+ + :Y^-$$

$$M-\overset{|}{\underset{|}{C}}-\overset{|}{\underset{|}{C}}{}^+ \longrightarrow {}^+\overset{|}{\underset{|}{C}}-\overset{|}{\underset{|}{C}}-M$$

$$X:{}^- + {}^+\overset{|}{\underset{|}{C}}-\overset{|}{\underset{|}{C}}-M \longrightarrow X-\overset{|}{\underset{|}{C}}-\overset{|}{\underset{|}{C}}-M$$

1/D_N＋intra-1/2/A_ND_N＋2/A_N と命名される。

4.3　離脱基が離れていくのと環化とが同時に1個の素反応として起こり，その次に求核種のはたらきによって環が開くという場合も多い。

$$M-\overset{|}{\underset{|}{C}}-\overset{|}{\underset{|}{C}}-Y \longrightarrow \overset{M^+}{\underset{}{>\!\!\overset{|}{C}\!\!-\!\!\overset{|}{C}\!\!<}} + :Y^- \qquad X:{}^- + \overset{M^+}{\underset{}{>\!\!\overset{|}{C}\!\!-\!\!\overset{|}{C}\!\!<}} \longrightarrow X-\overset{|}{\underset{|}{C}}-\overset{|}{\underset{|}{C}}-M$$

この機構は (intra-1/A_N)1/D_N＋2/A_N(intra-2/D_N) である。ここでは"intra"が素反応の一部にのみかかることを明らかにするため，規則4.2に述べた方法を使用している。"intra"を用いて素反応の一部を表すとき，混乱を避けるために，接頭辞とそれに関連したすべての文字をカッコで括ることにする。

4.4　移動と離脱基の脱離とが1個の素反応で起こり，ついで入って来る基の攻撃が起こる場合。

$$M-\overset{|}{\underset{|}{C}}-\overset{|}{\underset{|}{C}}-Y \longrightarrow {}^+\overset{|}{\underset{|}{C}}-\overset{|}{\underset{|}{C}}-M + :Y^-$$

$$X:{}^- + {}^+\overset{|}{\underset{|}{C}}-\overset{|}{\underset{|}{C}}-M \longrightarrow X-\overset{|}{\underset{|}{C}}-\overset{|}{\underset{|}{C}}-M$$

この機構は (intra-2/1/D_NA_N)1/D_N＋1/A_N である。

簡単な脂肪族の転位だけにしぼっても，4.1-4.4に述べた例で，すべての機構を取り上げたもので

ないことは明らかである。しかし，歴史的に重要な転位については，一通り取り上げたつもりである。新しい命名法は，上述の例に見られるような機構の間にあるほんの少しの差を，はっきりと表現することができるので，情報を明瞭にし，討論の助けとなることであろう。

よくでてくるラジカル機構

5.1 これまで研究されたラジカル置換機構は大部分連鎖過程で起こる。機構が連鎖的であるということは，分類上はっきりとは示されていなくても，反応機構の最終段階でラジカルが生成していれば，その機構は連鎖的であることがわかる。たとえば，ときには S_H2 機構[35)] と呼ばれる過程では，ラジカル種が離脱する原子または基を攻撃し，それと同時に置換が起こる原子または系から新しいラジカルができていく。こうして生成した新しいラジカルは次の段階で，反応種と結合して，同時にその反応種のラジカル開裂を起こす。

$$X\cdot\ +\ Y-\overset{|}{\underset{|}{C}}-\ \longrightarrow\ X-Y\ +\ \cdot\overset{|}{\underset{|}{C}}-$$

$$-\overset{|}{\underset{|}{C}}\cdot\ +\ Z-X\ \longrightarrow\ -\overset{|}{\underset{|}{C}}-Z\ +\ \cdot X$$

この過程は $A_rD_R + A_RD_r$ 機構と呼ばれる。Y または Z の原子から見ると，この反応は 2 つの A_RD_R 機構が連続して起こっていることになる。炭素上に A_RD_R 機構が続けて起こるということはほとんどないので，この例は具体的には示されていない。もちろん，これは 2 分子的ラジカル置換であり，Ingold の命名法では S_H2 と呼ばれるものである[35)]。

5.2 いわゆる S_H1 置換機構[35)] は，最初の段階が "D_R" になる点を除けば，$A_rD_R + A_RD_r$ 機構と非常によく似ている。これは，基質から離脱基がまず離れ，ついで生成した基質のラジカルが反応種と結合し，同時にその反応種中の結合を切って新しいラジカルを生成するというものである。

$$Y-\overset{|}{\underset{|}{C}}-\ \longrightarrow\ Y\cdot\ +\ \cdot\overset{|}{\underset{|}{C}}-$$

$$-\overset{|}{\underset{|}{C}}\cdot\ +\ Z-X\ \longrightarrow\ -\overset{|}{\underset{|}{C}}-Z\ +\ \cdot X$$

この機構は $D_R + A_RD_r$ と呼ばれる。一般には，この機構は連鎖的ではなく，生成したラジカル X· がその後どうなるかは，場合によって異なる。ときには $D_R + A_R$ の機構が起こることも予想され，実際そのような例も報告されている。しかし，そのような例は比較的まれであるので，この文書には例を挙げていない。

5.3 最近，$S_{RN}1$ と呼ばれる置換機構の例が非常に増えている[36)]。この機構でよくある例は，ラジカル陰イオンから離核種が離脱し，次の段階で，そうして生成したラジカルを求核種が攻撃するというものである。このラジカルイオンの前駆体は，電子供与体から，基質が電子を受け取ることによって生成する。

$$D: + ArY \longrightarrow ArY^{\bar{\cdot}} + D\cdot$$
$$ArY^{\bar{\cdot}} \longrightarrow Ar\cdot + :Y^-$$
$$X:^- + Ar\cdot \longrightarrow ArX^{\bar{\cdot}}$$

この機構は $T+D_N+A_N$ と呼ばれる。最後の生成物（Ar–X）になるためにはもう1個の電子の移動が必要であるが，この部分は，上記の命名には含まれていない。ときには，最初の2段階が協奏的（TD_N）に起こることもあるが，その例はこの文書では挙げない。ときには，規則3.4で述べたように下付きのNをRまたはRNに変えたほうがよい例もある。

5.4　ラジカル付加機構で最もよくある例は，たぶんラジカル種が基質とまず結合をつくり，そうしてできたラジカルに，反応種がラジカル開裂を伴いながら付加していくというものであろう。

$$X\cdot + C{=}C \longrightarrow X-C-C\cdot$$
$$X-C-C\cdot + X-Y \longrightarrow X-C-C-Y + X\cdot$$

これは $A_R+A_RD_r$ 機構となる。もちろん，この2段階の過程はラジカル連鎖機構の成長段階であるが，この命名法では，連鎖が存在するということは「反応機構以外の情報」（規則7.2参照）の一部と考えている。

表2 Ingoldの命名と本命名法との比較

例番号	Ingold命名法の名称	本勧告による名称	例番号	Ingold命名法の名称	本勧告による名称
		置換機構			付加機構
1.1a	S_N2	$A_N D_N$	2.1	Ad3	$A_N A_E$
1.1b	S_N2'	$3/1/A_N D_N$	2.2	なし	cyclo-$A_N A_E D_n$
1.2a	S_E2	$D_E A_E$	2.3	なし	cyclo-AA
1.2b	S_E2'	$1/3/A_E D_E$	2.4	なし	$A_N + A_E$
1.3	S_N2cA または A2	$A_e + A_N D_N$	2.5	なし	$A_E + A_N$
1.4	なし	$A_n + D_E A_E$	5.4	なし	$A_R + A_R D_r$
1.5	S_EC または S_E2 coord	$A_n +$ cyclo-$D_E A_E D_n$			脱離機構
1.6a	S_Fi または S_F2	cyclo-$D_E A_E D_n A_n$	3.1	なし	$D_E D_N$
1.6b	S_Ei'	cyclo-$1/3/D_E A_E D_n A_n$	3.2	E2 または E2H	$A_n D_E D_N$ または $A_{xh} D_H D_N$
1.7	S_NAr または Ad_N-E または $B_{AC}2$	$A_N + D_N$	3.3	E_1	cyclo-$D_E D_N A_n$
			3.4	E2cA?	$A_e + D_E D_N$ および $A_e + A_n D_E D_N$
1.8a	なし	$A_N + A_e + D_N$	3.5	E1	$D_N + D_E$
1.8b	$A_{AC}2$	$A_h + A_N + A_h D_h + D_N + D_h$	3.6	E1	$D_N + A_n D_E$ (または $D_N + A_{xh} D_H$)
1.9	S_E2	$A_E + D_E$			
1.10a	S_N1 または $B_{AL}1$	$D_N + A_N$	3.7	E1cA	$A_e + D_N + A_n D_E$ (または $A_h + D_N + A_{xh} D_H$)
1.10b	S_N1'	$1/D_N + 3/A_N$	3.8	E1cB	$A_n D_E + D_N$ (または $A_{xh} D_H + D_N$)
1.11	S_E1	$D_E + A_E$			
1.12	S_N1cA または A1	$A_e + D_N + A_N$			転位機構
1.13	なし	$A_n + D_E + A_E$	4.1	なし	$1/D_N +$ intra-$1/A_N$ $+$ intra-$2/D_N + 2/A_N$
1.14	$S_E1(N)$ または S_E1-X^-	$A_n D_E + A_E$	4.2	なし	$1/D_N +$ intra-$1/2/A_N D_N$ $+ 2/A_N$
1.15	S_Ni	$D_N + D + A_N$			
5.1	S_H2	$A_R D_R + A_R D_r$	4.3	なし	(intra-$1/A_N$)$1/D_N$ $+ 2/A_N$ (intra-$2/D_N$)
5.2	S_H1	$D_R + A_R D_r$	4.4	なし	(intra-$2/1/D_N A_N$)$1/D_N$ $+ 2/A_N$
5.3	$S_{RN}1$	$T + D_N + A_N$			

機構以外の情報を含めるための拡張規則

これまで，変換における結合の生成と開裂との順序を示すという意味で，純粋に機構だけを記述してきたということができる。しかし，ときにはほかの情報も伝えたいことがある。つぎにこれらの情報をどのように伝えるか，記号や省略した記述法を述べることにする。

規則7．観測される反応の性質

化学反応によっては，律速段階・成長反応（連鎖反応）など，多数の分子集団の統計的性質を実験で捉えて，反応の特質ということがある。これらは，下に述べるように，構造に関する情報にくっつけて表すことが可能である。

7.1 律速段階

上付きの記号 $\neq$ を用いて示す。この記号はダブルダガーにちょっと似ているが，遷移状態を表す記号として用いる。律速となる段階の記号に付けて，その段階が律速であることを表す。
例：

$$B: + NCCH_2CH_2N^+(CH_3)_3 \rightleftarrows BH^+ + NCCH^--CH_2N^+(CH_3)_3$$
$$\longrightarrow NCCH=CH_2 + N(CH_3)_3$$

$A_{xh}D_H{}^{\neq} + D_N$　Ingold の E1cB（不可逆）脱離

$A_{xh}D_H + D_N{}^{\neq}$　Ingold の E1cB（可逆）脱離

$$(CH_3)_3N + HOOCCH_3 \longrightarrow (CH_3)_3N \cdots HOOCCH_3 \rightleftarrows$$
$$(CH_3)_3NH^+ \cdots {}^-OOCCH_3 \longrightarrow (CH_3)_3NH^+ + {}^-OOCCH_3$$

$C^{\neq} * A_H D_H$　　拡散律速のヒドロン移動，会合が律速

$$CH_3COO^- + HOPh \rightleftarrows CH_3COO^- \cdots HOPh \rightleftarrows$$
$$CH_3COOH \cdots {}^-OPh \longrightarrow CH_3COOH + {}^-OPh$$

$A_H D_H * P^{\neq}$　　拡散律速のヒドロン移動，分離するところが律速

（上記2例ではヒドロンが中心原子であることに注意）

これらの例で "+" の代わりに "*" を用いているのは，会合錯体が非常に不安定で，外部の溶媒分子に囲まれた種と平衡に達するほど寿命がないことを示している。段階を示すのに "C" や "P" を用いるのは，それが律速でないかぎり無意味である場合が多いことに注意してほしい。つまり，第一の例で "P" の段階，あるいは第二の例で "C" の段階は，除いてある。これらの記号が表す過程は，すべての2分子反応に起こっているものと考えられる。

この規則の例外として，一見表にでない反応段階を経るものがある。たとえば，"$C^{\neq} * A_N$" の記号は求核種が拡散して反応点に到達する段階が，結果として起こる結合生成の律速段階であることを

示す．もし，2種の反応種が拡散したのち求核的な会合を起こし，第三の反応種がやってきて攻撃するところが律速ならば，次のように表すことができる．

$$\diagup C-Y: + HX \longrightarrow \diagup C-Y:\cdots HX \xrightarrow[\text{rls}]{:X}$$

$$X:\diagup C-Y:\cdots HX \longrightarrow X-C\diagup$$

　　　　注：ここで rls は律速段階の意味である．
この順序は $C * C^{\neq} * A_N$ で表すことができる．

　律速段階の概念は，たくさんの段階を経る系を簡略化したものであることを理解する必要がある．観察される速度式の形に影響を与える因子としての実質的律速段階は，そこに起こるいろいろな素反応が本質的に起こりやすいか起こりにくいかには関係がない変数によって決まってしまうことが多い．とくに，ある濃度範囲では1つの段階が律速となるが，別の濃度範囲では別の段階が律速になる例が知られている．このとき，機構は両者とも同じであるが，反応速度式と"≠"を付けて示す記号とが異なることになる．

7.2　連鎖反応

　1組の反応機構の繰り返しが出てくるときは，その繰り返し単位は中カッコで括って示すことにする．
例：

$Cl_2 \rightleftarrows 2 Cl\cdot$
$Cl\cdot + RH \longrightarrow HCl + R\cdot$
$R\cdot + Cl_2 \longrightarrow RCl + Cl\cdot$

は $D+\{A_rD_R+A_RD_r\}$ となる．
下付きがついていない "D" は，反応種分子のほうの結合が切れていることを示す．この過程がラジカル的であることは，その前後関係から読み取れるであろう．

付録 A：構造変化を示すための記述に関する補助規則

A.1 変換の分類

反応の種類（置換・脱離など）は機構を示す記号から読み取ることもできるが，反応の種類をはっきりと示す方法があれば便利である．このとき，次の記号が推奨される．

Su ……置換
Em……脱離
Ad ……付加
De ……脱着
At ……付着
Re ……転位
Tt ……互変異性化

これらの反応の定義については，文献を参照されたい[10,11]．

A.2 基質の型

この文書に記載した命名法の利点の1つは，ある反応に関与する物質の構造と機構とを分けたことである．たとえば，簡単な D_N+A_N の機構は，以前の Ingold の命名法によれば，少なくとも3種の反応を含んでいることになるが，その差は，反応基質の構造が違うだけなのである（簡単な例1.7参照）．もし，反応する基質の構造を伝えることが重要なときには，機構を示す記号に構造の略号または原子の記号を付けるとよいであろう．

例： Su-AL……アルキル炭素における置換
Su-AR……芳香環炭素における置換
Su-AC……アシル炭素における置換
Su-P ……リン原子における置換
Su-Ni……ニッケルにおける置換

付録 B：酸塩基触媒を表すための補助規則

酸塩基の触媒作用が観察される場合には，その機構およびその基質を表す記号の後ろに，次に示す記号を用いて記述することにする．

H^+……溶媒和されたヒドロンによる触媒作用
　　　　（H^+ による触媒作用は，一般酸触媒でも特殊酸触媒でもよい）
HO^-, RO^-……ライエートイオンによる触媒作用
　　　　（HO^- や RO^- が触媒となる反応ならば，一般塩基触媒でも特殊塩基触媒でもよい）
AH………一般酸触媒
　　　　（一般酸触媒の動的過程には，実際には，AH からヒドロンが引き抜かれる段階が律

速となるものと，動力学的には等価であるが基質にヒドロン化が起こるという前平衡があり，ついで塩基によるヒドロン脱離が進行するというもの［特殊酸・一般塩基触媒］の2種類がある）

B……一般塩基触媒

（一般塩基触媒の動的過程には，Bによる AH からのヒドロンの引き抜きが律速になる場合と，動力学的には等価であるが基質からまずヒドロンが解離する前平衡があり，ついで酸によるヒドロン化が律速になる場合［特殊塩基・一般酸触媒］の2種類がある）

例： Ad-CO-AH……カルボニルへの付加，一般酸触媒

Em-AL-B……アルキル部位での脱離，一般塩基触媒

これら補助の記号は，機構を表示するために用いるのではなく，実際に見られる反応の特質に関する分類を示すものである点に注目する必要がある。それぞれの反応は，実際，いくつか異なる機構で進行するものをまとめて書いたものと考えるべきものである。これら補助記号は，機構を示す文章の修飾をするさいに用いるべきものと考える。たとえば，「Su-AL の変化は，A_N+D_N の機構で起こることもあるが，D_N+A_N の機構で起こることもある」または「Em-AL-B の反応は，$A_{xh}D_HD_N$ や $A_{xh}D_H*D_N$ とその変形などいろいろな機構で起こる可能性がある」といったものである。次の節では，実験的に区別できる機構を論理的に分析するのを容易にするために，もっと細かい記号表示の方法を記述することにする。

付録 C：動力学的に区別できるさらに小さな分類区分を表す例

置　換

Su-AL の変形

イオン化が律速

$$-\overset{|}{\underset{|}{C}}-Y \longrightarrow \overset{\lor}{\underset{|}{C}} \xrightarrow{Nuc} -\overset{|}{\underset{|}{C}}-Nuc \qquad\qquad D_N{}^*+A_N$$

イオン対（またはイオン分子双極対）への置換

$$-\overset{|}{\underset{|}{C}}-Y \rightleftharpoons \overset{\lor}{\underset{|}{C}}\cdots Y^- \xrightarrow{Nuc} -\overset{|}{\underset{|}{C}}-Nuc + Y^-$$

（求核種の攻撃が律速） $\qquad\qquad D_{Nint}+A_N{}^*$

（求核種との拡散律速の反応） $\qquad\qquad D_{Nint}+C^**A_N$

「イオンサンドイッチ」または「S_N2 中間体」機構

$$\text{Nuc} + -\overset{|}{\underset{|}{C}}-Y \rightleftarrows \text{Nuc}\cdots\overset{|}{\underset{|}{\overset{+}{C}}}\cdots Y^- \longrightarrow \text{Nuc}-\overset{|}{\underset{|}{C}}- + Y^- \qquad C*D_N*A_N$$

協奏機構（Ingold の S_N2）

$$\text{Nuc} + -\overset{|}{\underset{|}{C}}-Y \longrightarrow \text{Nuc}-\overset{|}{\underset{|}{C}}- + Y^- \qquad A_ND_N$$

金属上の配位子交換

　解離的

$$M\text{-}L_1 \longrightarrow M + L_1 \xrightarrow{L_2} M\text{-}L_2 \qquad D_N + A_N$$

　会合的

$$M\text{-}L_1 + L_2 \longrightarrow M\!\!\begin{array}{c}L_1\\L_2\end{array} \longrightarrow M\text{-}L_2 + L_1 \qquad \begin{array}{c}A_N + D_N\\ \text{または}\\ A_N * D_N\end{array}$$

　交換（interchange）

$$M\text{-}L_1 + L_2 \rightleftarrows M\!\!\begin{array}{c}\cdot\cdot L_2\\L_1\end{array} \longrightarrow M\!\!\begin{array}{c}\cdot L_2\\\cdot L_1\end{array} \longrightarrow M\!\!\begin{array}{c}L_2\\\cdot\cdot L_1\end{array} \rightleftarrows M\text{-}L_2 + L_1 \qquad C*D_N^\ddagger*A_N$$

Su-AC 型の変形

　2 次型

$$\text{RNH}_2 + \text{R'}\!-\!\overset{O}{\overset{\|}{C}}\!-\!\text{OPh} \rightleftarrows \text{R}\overset{+}{\text{N}}\text{H}_2\!-\!\underset{\underset{R'}{|}}{\overset{\overset{O^-}{|}}{C}}\!\text{OPh} \xrightarrow{遅い} \text{R'}\!-\!\overset{O}{\overset{\|}{C}}\!-\!\text{NHR} + H^+ + \text{PhO}^- \qquad A_N*D_N^\ddagger$$

　一般塩基触媒（Su-AC-B）

$$\text{RNH}_2 + \text{R'}\!-\!\overset{O}{\overset{\|}{C}}\!-\!\text{OPh} \rightleftarrows \text{R}\overset{+}{\text{N}}\text{H}_2\!-\!\underset{\underset{R'}{|}}{\overset{\overset{O^-}{|}}{C}}\!\text{OPh} \xrightarrow{B} B\cdots\text{R}\overset{+}{\text{N}}\text{H}\!-\!\underset{\underset{R'}{|}}{\overset{\overset{O^-}{|}}{C}}\!\text{OPh} \longrightarrow$$

$$BH^+\cdots\text{RNH}\!-\!\underset{\underset{R'}{|}}{\overset{\overset{O}{\|}}{C}}\!\text{OPh} \longrightarrow \text{R'}\!-\!\overset{O}{\overset{\|}{C}}\!-\!\text{NHR} + BH^+ + \text{PhO}^-$$

（ヒドロンの移動が律速） $\qquad A_N + A_{xh}D_h^\ddagger * D_N$

(ヒドロンの移動が拡散律速) $A_N + C^+ * A_{xh} * D_N$

前会合の機構で水素結合の生成が触媒となる場合

$$B + RNH_2 + R'-\overset{O}{\underset{\|}{C}}-OPh \xrightleftharpoons[rls]{} B \cdots RN\overset{+}{H_2}-\overset{O^-}{\underset{\|}{C}}-OPh \longrightarrow$$

$$BH^+ \cdots RNH-\underset{R'}{\overset{O^-}{\underset{|}{C}}}-OPh \longrightarrow BH^+ + R'-\overset{O}{\underset{\|}{C}}-NHR + PhO^-$$

$C * A_N^+ * A_{xh}D_h * D_N$

記号"C"と"C⁺"とは，規則 7.1 で述べたように，意味が違うことに注意する必要がある。$C^+ * A_{xh}D_h$ はヒドロンを取り去るのに必要な塩基の拡散を示しており，$C * A_N^+$ は第三の反応種，この場合には B が求核攻撃の前にその場に来ていることを示している。このさい，3 種の反応種がどういう順序で会合してきたかについては述べていないことに注意しなければならない。これは，単に，結合の生成が起こる前に 3 種の反応種が集まってこなければならないことを意味するだけなのである。

付　加

Ad-CO 型の変形

2 次型

$$RS^- + \hspace{-0.3em}\underset{}{\overset{}{\diagup\hspace{-0.5em}\diagdown}}\hspace{-0.3em}C=O \xrightarrow{rls} RS-\overset{|}{\underset{|}{C}}-O^- \longrightarrow RS-\overset{|}{\underset{|}{C}}-OH$$

(求核種が攻撃するところが律速) $A_N^+ + A_H$

$$RS^- + \hspace{-0.3em}\underset{}{\overset{}{\diagup\hspace{-0.5em}\diagdown}}\hspace{-0.3em}C=O \rightleftharpoons RS-\overset{|}{\underset{|}{C}}-O^- \xrightarrow[rls]{AH} RS-\overset{|}{\underset{|}{C}}-OH + A^-$$

(ヒドロンの移動が律速) $A_N + A_H D_{xh}^+$

$$RS^- + \hspace{-0.3em}\underset{}{\overset{}{\diagup\hspace{-0.5em}\diagdown}}\hspace{-0.3em}C=O \rightleftharpoons RS-\overset{|}{\underset{|}{C}}-O^- \xrightarrow[rls]{AH}$$

$$RS-\overset{|}{\underset{|}{C}}-O^- \cdots HA \longrightarrow RS-\overset{|}{\underset{|}{C}}-OH + A^-$$

(拡散律速でヒドロンが移動するところが律速) $A_N + C^+ * A_H D_{xh}$

特殊塩基触媒（Ad-CO-HO⁻）

$$RSH \rightleftarrows RS^- + H^+$$

$$RS^- + \text{>}C=O \xrightarrow{rls} RS-\underset{|}{\overset{|}{C}}-O^- \longrightarrow RS-\underset{|}{\overset{|}{C}}-OH \qquad D_{xh}+A_N^{\neq}+A_H$$

一般酸触媒（Ad-CO-AH）

$$RS^- + \text{>}C=O + HA \xrightarrow{rls} RS-\underset{|}{\overset{|}{C}}-O^- \cdots HA$$

$$\longrightarrow RS-\underset{|}{\overset{|}{C}}-OH + A^-$$

（前会合の機構で水素結合生成による触媒作用） $\qquad C * A_N^{\neq} * A_H D_{xh}$
（水素結合）

$$RS^- + \text{>}C=O + HA \longrightarrow RS-\underset{|}{\overset{|}{C}}-OH + A^-$$

（協奏的一般酸触媒） $\qquad A_N A_H D_{xh}$

D_{xh} を付ける位置と cyclo を付けないことによって，H のキャリヤー原子が求核種とはなっていないことを示している。RSH+C=O⟶R-S-C-OH の反応は，ちょっと現実的ではないが，A_N (intra-$D_{xh}A_H$) で表されることになろう。$A_N A_H D_{xh}$ の記号は，この機構が3分子的であることを示している。3分子過程は，通常，まず2種の反応種が会合し，ついで第三の反応種がきて協奏的な付加物の生成が起こるものと考えられている。このような機構は $C * A_N A_H D_{xh}$ の記号を使って強調してもよい。

脱　　離

Em-AL-B の変形

Ingold：E2

$$B + H-\underset{|}{\overset{|}{C}}-\underset{|}{\overset{|}{C}}-Y \longrightarrow BH^+ + \text{>}C=C\text{<} + Y^- \qquad A_{xh}D_H D_N$$

Ingold：E1cB

$$B + H-\underset{|}{\overset{|}{C}}-\underset{|}{\overset{|}{C}}-Y \rightleftarrows BH^+ + \text{>}C-C\text{<}-Y \longrightarrow \text{>}C=C\text{<} + Y^-$$

(可逆) $A_{xh}D_H + D_N^{\neq}$
(または $D_H + D_N^{\neq}$)
(不可逆) $A_{xh}D_H^{\neq} + D_N$

E1cB, イオン対

$$B + H-\underset{|}{\overset{|}{C}}-\underset{|}{\overset{|}{C}}-Y \rightleftarrows BH^+\cdots\,^-\underset{|}{\overset{|}{C}}-\underset{|}{\overset{|}{C}}-Y \longrightarrow BH^+ + \underset{}{\overset{}{>}}C=C\underset{}{\overset{}{<}} + Y^-$$

(ヒドロン移動が律速) $A_{xh}D_H^{\neq} * D_N$
(脱離基の離脱が律速) $A_{xh}D_H * D_N^{\neq}$

Em-CO 型の変形

特殊塩基触媒 (Em-CO-OH⁻)

$$HO-\underset{|}{\overset{|}{C}}-OR \rightleftarrows\,^-O-\underset{|}{\overset{|}{C}}-OR \xrightarrow{rls} >C=O + RO^- \qquad D_H + D_N^{\neq}$$

$$HO-\underset{|}{\overset{|}{C}}-N< \rightleftarrows\,^-O-\underset{|}{\overset{|}{C}}-NH^+ \xrightarrow{rls} >C=O + NH \qquad \text{intra-}A_h D_H + D_N^{\neq}$$

一般塩基触媒 (Em-CO-B)

$$B + HO-\underset{|}{\overset{|}{C}}-SR \xrightarrow{rls} BH^+ +\,^-O-\underset{|}{\overset{|}{C}}-SR \longrightarrow >C=O + RS^-$$

(ヒドロンの脱離が律速) $A_{xh}D_H^{\neq} + D_N$

$$B + HO-\underset{|}{\overset{|}{C}}-SR \rightleftarrows BH^+\cdots\,^-O-\underset{|}{\overset{|}{C}}-SR \xrightarrow{rls} BH^+ + >C=O + RS^-$$

(動力学的には一般塩基触媒，ヒドロン移動ののち $\qquad A_{xh}D_H * D_N^{\neq}$
水素結合生成が触媒作用) (水素結合)

$$HO^- + HO-\underset{|}{\overset{|}{C}}-OR \rightleftarrows\,^-O-\underset{|}{\overset{|}{C}}-OR \xrightarrow[rls]{HA} >C=O + ROH + A^-$$

(一般酸触媒による基質の共役塩基の協奏的開裂。
これは，動力学的には，電荷をもたない基質が
一般塩基触媒で反応するものと等価である) $\qquad A_{xh}D_H + D_N A_h D_{xh}^{\neq}$

エノール化

一般塩基触媒（Tt-B）

$$B + H-\underset{|}{\overset{|}{C}}-\underset{|}{\overset{O}{\overset{\|}{C}}} \xrightarrow{\text{rls}} BH^+ + \underset{}{\overset{}{>}}C=C\underset{}{\overset{O^-}{<}} \longrightarrow \underset{}{\overset{}{>}}C=C\underset{}{\overset{OH}{<}} \qquad 1/A_{xh}D_H^\ddagger + 3/A_H$$

一般酸触媒（Tt-AH）

$$H^+ + H-\underset{|}{\overset{|}{C}}-\underset{|}{\overset{O}{\overset{\|}{C}}} \rightleftharpoons H-\underset{|}{\overset{|}{C}}-\underset{|}{\overset{\overset{H}{\overset{|}{O^+}}}{\overset{\|}{C}}} \xrightarrow[\text{rls}]{B} \underset{}{\overset{}{>}}C=C\underset{}{\overset{OH}{<}} + BH^+ \qquad 3/A_H + 1/A_{xh}D_H^\ddagger$$

一般塩基-一般酸触媒（Tt-B, AH）

$$B + H-\underset{|}{\overset{|}{C}}-\underset{|}{\overset{O}{\overset{\|}{C}}} + HA \longrightarrow BH^+ + \underset{}{\overset{}{>}}C=C\underset{}{\overset{OH}{<}} + A^- \qquad 1/3/A_{xh}D_H A_H D_{xh}$$

（協奏的酸塩基触媒）

記号と用語の解説

記号	位置	意味	ページ
A	同一線上	結合生成(会合)	79
D	同一線上	結合開裂(解離)	79
+	同一線上	段階的反応	80
*	同一線上	+と同じだが中間体の寿命短い	80
E	下付き	求電子的(中心原子への結合生成)	81
	下付き	離電子的(中心原子との結合開裂)	
N	下付き	求核的(中心原子への結合生成)	81
	下付き	離核的(中心原子との結合開裂)	
R	下付き	ラジカル的(結合生成または開裂)	81
e	下付き	Eと同じだがペリ原子が関係	82
n	下付き	Nと同じだがペリ原子が関係	82
r	下付き	Rと同じだがペリ原子が関係	82
H	下付き	求電子種がヒドロンの場合の基本変化	83
h	下付き	Hと同じだがペリ原子に起こる	83
xh	下付き	ヒドロンと反応種中のヒドロンキャリヤー原子との結合開裂または結合生成	83
C	同一線上	拡散による会合	90
P	同一線上	会合体の拡散による分離	90
int	下付き	弱い力で結合した分子またはイオン,緊密イオン対またはそれに相当する非荷電分子対	90
ss	下付き	弱い力で結合した分子またはイオン,溶媒介入イオン対またはそれに相当する非荷電分子対	90
≠	上付き	この印の前にある段階が律速	106
{ }	同一線上	繰り返される過程	107

反応分類の一覧

記号	意味	ページ	記号	意味	ページ
Su	置換	108	AL	アルキル	108
Em	脱離	108	AR	アリール	108
Ad	付加	108	AC	アシル	108
De	脱着	108	H$^+$	速度式に[H$^+$]が含まれる	108
At	付着	108	HO$^-$, RO$^-$	速度式に[HO$^-$]または[RO$^-$]が含まれる	108
Tt	互変異性化	108	AH	一般酸触媒	108
Re	転位	108	B	一般塩基触媒	109

新しい用語の解説

用　語	定　　義
キャリヤー原子	中心原子でもなくペリ原子でもないが，変換に参加する原子。中心原子を含む分子から，あるいはその分子へ，その他の原子や原子団を運搬する原子。これを表すには下付きの記号 xh を用いる。 81 および 83 ページ参照。
中心原子	機構を示すさいに第一に基準となる原子。通常，反応によって多重結合をつくる 2 原子か置換が起こる 1 原子である。第 3 節参照。下付きの "N"，"E"，"R"，"H" などを付けて示す。81-83 ページ参照。
cyclo-	素反応または素反応の一部にこの接頭辞を付けて基本変化を起こす結合がペリ環状過程の遷移状態の一部を形成することを示す。 88 ページ参照。
素反応	これは文献 9) で次のように定義されている。「中間体を経ない 1 段階の反応または複雑な反応中の 1 段階」。この文書では，途中につなぎの印が入ることなく，"A" や "D" 記号で表される。 80 ページ参照。
intra-	この接頭辞は，素反応またはその一部に付けられるもので，基本変化を起こす結合が，その素反応の遷移状態で，環の一部を形成することを示す。この接頭辞は，ペリ環状過程でないときにのみ用いられ，ペリ環状反応の場合にはcyclo-を用いる（上記参照）。
ペリ原子	中心原子を含む分子内にある第二の基準原子。第 3 節参照。下付きの記号 "n"，"e"，"r" および "h" を用いて示す。81 ページ参照。
基本変化	これは文献 9) によって次のように定義されている。「素反応を概念上分けた概念的に簡単な変化」。この文書では，いくつかの結合が参加する過程において，結合が生成したり（A），切断したり（D）する成分のことをいう。79 ページ参照。
基準原子	基本変化が，求核的であるか，求電子的であるか，離核的であるか，離電子的であるか，ラジカル的であるかなどの基準となる原子。 80 ページ参照。

文献と注

1) C. K. Ingold, "Structure and Mechanism in Organic Chemistry,"1st ed., Cornell Univ. Press, Ithaca, NY (1953).
2) C. K. Ingold, "Structure and Mechanism in Organic Chemistry," 2nd ed., Cornell Univ. Press, Ithaca, NY (1969).
3) J. March, "Advanced Organic Chemistry," 3rd ed., John Wiley and Sons, Inc., New York, NY(1985). この文献に記載されている反応機構を網羅することを最初の出発点としてこの文書が作成された。
4) J. Mathieu, A. Ailis, J. Valls, *Angew. Chem.*, **72**, 71(1960).
5) C. H. Langford, H. B. Gray, "Ligand Substituion Processes," W. A. Benjamin(1965), p.7.
6) R. D. Guthrie, *J. Org. Chem.*, **40**, 402(1975).
7) D. C. Roberts, *J. Org. Chem.*, **43**, 1473(1978).
8) J. Littler, *J. Org. Chem.*, **44**, 4657(1979).
9) この用語は V. Gold によって定義され，"Glossary of Terms used in Physical Organic Chemistry" IUPAC に収載されており，Littler が使用している[8]。
10) "Glossary of Terms used in Physical Organic Chemistry," ed. by V. Gold, *Pure Appl. Chem.*, **55**, 1281(1983).
11) この文書で用いた用語はできる限り次の文献と矛盾がないようになっている。"Nomenclature for Organic Chemical Transformations," R. A. Y. Jones, J. F. Bunnett, *Pure Appl. Chem.*, **61**, 725(1989)；本書第1章.
11a) J. F. Bunnett, R. A. Y. Jones, *Pure Appl. Chem.*, **60**, 1115(1988).
12) 文献3，p. 311 参照。
13) M. H. Abraham, J. A. Hill, *J. Organometal. Chem.*, **7**, 11(1967).
14) M. H. Abraham, "Comprehensive Chemical Kinetics," ed. by C.H. Bamford, C. F. H. Tipper, vol.12, Elsevier, New York, NY(1973), p. 15.
15) H. B. Charman, C. K. Ingold, *J. Chem. Soc.*, 2523(1959)参照。
16) R. E. Dessy, W. L. Budder, *J. Am. Chem. Soc.*, **84**, 1172(1962).
17) 文献2，p. 565。
18) 文献2，p. 1128。
19) 文献3，p. 576。
20) 文献3，p. 295. 付加反応に Ad の記号を用いることは Ingold によって提唱されている(文献2, p. 247)。
21) 文献2，p. 1128.
22) 文献1，p. 280。
23) 文献2，p. 447。
24) 文献3，p. 311。
25) 文献2，p. 1128。
26) I. P. Beletskaya, K. P. Butin, O. A. Reutov, *Organometal. Chem. Rev.*, Sect.A7, 51(1971).
27) 文献3，p. 286。
28) R. C. Fahey, D.-J. Lee, *J. Am. Chem. Soc.*, **90**, 2124(1968).
29) R. B. Woodward, R. Hoffmann, "The Conservation of Orbital Symmetry," Verlag Chemie, Academic Press (1970), p. 65.
30) 文献2，p. 651。
31) 文献3，p. 887。
32) 文献3，p. 897。
33) J. March, "Advanced Organic Chemistry," 2nd ed., McGraw-Hill Book Company, New York, NY(1978), p. 924.
34) 文献2，p. 403 および p. 653。
35) 文献3，p. 610。
36) J. K. Kim, J. F. Bunnett, *J. Am. Chem. Soc.*, **92**, 7463(1970).

第 3 章

反応機構の線形表示

(1988 勧告)

前　文

　これまで，反応機構はいろいろな図式を用いて示されてきたが，最近のコンピュータの進歩によって，反応機構を，図式のみならず，コンピュータに蓄積・検索するための手段が求められるようになってきた。この規則は，反応機構のモデルのなかではっきりしている部分について，図式表示から，あるいは図式表示への変換を容易にできると同時に，コンピュータを用いるデータ蓄積や検索にも都合がよいよう，反応機構のモデルを線形表示するためのものである。このさい，反応機構はモデルであることを強調しておく必要がある。ある反応の機構がここに述べる規則の例として書かれているものでも，それは決して，その反応の正しい機構がそれであるということを意味するものではない。この表示法は，結合の生成と開裂の段階の概念を基礎にしている[1]が，他の反応にも拡張することが可能である。さらに，その反応がどこで起こっているかを示したり，それぞれの素反応や一連の反応段階のなかで，反応速度論以外の情報も付け加えることができる。これはすでに報告されている方法[2]に改良を加えたもので，できる限り，簡単な反応の記号化[3]と矛盾がないように配慮されている。この反応の記号化は，反応機構を講演で話したり文章に書いたりするときの便宜を考えてつくられたものであり，本規則はコンピュータに蓄積し検索することを第一義的目標としてつくられたものであることを強調しておく必要がある。

　この規則の基本となる概念単位は"PC"（primitive change）すなわち基本変化である。この定義は，IUPAC で発行された物理有機化学の用語解説[4]に収載されているが，本規則の第1節は，その基本変化の確認と表示法について述べている。ここに述べる基本変化は，よく起こる反応のモデルについて，大部分は網羅しているのであるが，はっきりとした結合生成（会合）や結合開裂（解離）などの変化がないと適用できないというものではない。実際この規則は，原理的には，結合変化をもとにした反応モデルならばどれでも適用できるはずのものである。ここで述べる規則は，炭素以外の原子に関する反応にも適用できる。立体配座・分光学・スピンなどに関する変換にも使えるように考えてあるが，これをさらに拡張して，光化学・界面化学・電気化学などの分野に応用することもできよう。ときには，反応モデルを十分に表すためには（たとえば光化学過程や励起状態間の変換過程），そこに出現する基本変化を新しく定義する必要が生ずる場合もある。再混成の過程を表すような記号については，この規則では取り扱わない。基本変化は，1個の文字または1組の文字で表されるが，できるだけ憶えやすいように工夫されている。反応の一般形が同じ場合には，同じ大文字で始まるようになっている〔たとえば，2個の原子中心が結合（association 会合も含む）するさいの記号は A である〕。そしてその後ろに小文字をつけてその型のなかでの小分類を示すことにする〔たとえば，結び付ける（colligative）を意味する c を付ける〕。変化が起こる原子はカッコ内に一定の順でならべ，それに変化の種類を意味する文字を付ける。この記号は数学の関数で用いられるものと似ている。そのときに用いる規則は第1節に述べる。これから述べる PC は，決してそれが全部ではないことを強調しておきたい。必要があれば新しい PC を追加して，新しい反応機構の詳細に対応していかなければならない。

　素反応[4]は1個以上の基本変化が組み合わさってできているものと考えることができる。そして，

反応機構は，順番にあるいは競争的に，2個以上の素反応が1つまたは複数の反応種に対して起こることによって成り立つと見ることができるのである。第2節では，基本変化を表す記号を組み合わせて，1つの素反応を完全につくり上げる規則について述べることにする。

1つの素反応を記述するには，一般に，その成分となる基本変化を1つの直線上に書き（規則2.1)，2個の素反応が順に起こるときには，それらを"＋"の記号でつなぐ（規則2.2)。第2節では，その後，素反応あるいは一連の素反応で，必要な情報をどのようにして付け加えるかについて述べる。しかし，これらの情報は，付け加えなくてもよいものも多い。このような理由のために，これらの情報は素反応の記号に接尾辞としてつけることにする。このような情報とは，たとえば反応の順序・立体化学・スピン多重度・律速段階や拡散律速など熱力学とは関係のない情報などを含んでおり，その他の情報も，必要に応じて付け加えることができる。現在のところ，立体化学的な情報を伝える一連の記号をどうするかについては，検討が行われていない。

反応機構を考えるさい，特定の基質あるいは一群の基質が問題になる。したがって，基本変化を記述するさいに，その変化がある分子のなかのどの原子に起こるのかを表示する必要があり，ときには，いくつかある分子のうちどの分子にその変化が起こるのかを示す必要があるときもある。第3節は，このような問題をどう扱うかについて記述している。規則3.1は，反応の起こる位置に関する取り決めについて述べる。規則3.2は，そのような反応の起こる位置を決める方法について述べ，規則3.3は，異なる分子をどのように区別するかを扱う。第3節では，その後，電子移動・ヒドロン移動・非局在化した結合の問題を取り扱う。

第4節は，上記の規則それぞれを用いてさらに拡張した扱い方の例を示し，第5節では，使用する記号を表にまとめ，それぞれの記号が関係する規則との関連がわかるようにしてある。第6節では，Ingold型の記号および文献3）の記号との関連を表の形でまとめている。

以下の記述には，基本変化（primitive change）に略号PC，素反応（elementary reaction）に略号ERを用いる。一つの規則を示すにあたり，ときには，この章の後ろのほうで定義する記号を使わねばならないことがある。そのような場合には，第5節の表を参考にして，必要な定義がどこにあるか探していただきたい。

第1節　基本変化の表示

規則1.1　一般表示

基本変化（PC）は関数の形で，次のように表す。
PC（P, Q, R……X）
ただし，PCは原子PからXまでの群に起こる変化を定義するものである。原子を表す方法は，ここでは一般形で示されているが，のちに定義することにする（第3節）。作用を受ける原子を表すには，コンマで区切って示す。電子が関与していることを示すには，必要に応じて大カッコ［　］を用いて示す（規則1.10参照）。2個以上の分子が関係しているときには，その数を尖ったカッコで囲んで，たとえば＜2＞のようにして示す（規則3.3参照）。

注：PCが結合生成や結合開裂の演算子であるときには，それに関係する被作用原子は2個

であるが，PC が多中心の変化である場合には，3個以上の原子を被作用原子として特定する必要がある。同様にして，PC が結合が生成したり結合が切断したりすることを表していないときには，特定される原子の数には何の制限もない。しかし，ある PC を特定するときには，その演算が必要とする原子の数ははっきりさせなければならない。もし PC が非常に複雑で，それを完全に表現するのが非常に困難なときには，少数の過程からなる演算に分けるのが適当である（規則 1.10 参照）。

規則 1.2 σ 結合の生成

σ の対称性をもつ共有結合が生成することは，大文字の A で始まる記号を用いて，次のように示す。

規則 1.2.1　A(P, Q)　このとき，P は電子対を与える原子とする。P も Q も電子が対をつくった分子種である。2中心の結合1個のみが生成するものとする。

例 1.2.1.1

$NH_3 + BF_3 \longrightarrow NH_3BF_3$

　　A(N, B)

例 1.2.1.2

$CH_3COO^- + H^+ \longrightarrow CH_3COOH$

　　A(O, H)

例 1.5.1 も参照のこと

規則 1.2.2　Ar(P, Q)　すべての電子が対をつくった分子種とラジカルとが結合をつくる過程。このとき，ふつう P は電子対を供与する分子種であり，Q はラジカルである。特別の場合には，電子対をもった分子種が電子欠乏性であることがある（たとえば R_3C^+）。このときには P はラジカルとなり，Q はラジカルでない分子種となる。小文字の "r" は反応物および生成物のラジカル的性質を示している。さらに，例 4.1 および 4.3 参照。

例 1.2.2.1

$CH_3\cdot + C_6H_6 \longrightarrow (C_6H_6CH_3)\cdot$

　　Ar(C, C)

例 1.2.2.2　"$S_{RN}1$" 過程の一段階

$C_6H_5\cdot + NH_2^- \longrightarrow C_6H_5NH_2^{\cdot-}$

　　Ar(N, C)

規則 1.2.3　Ac(P, Q)　PおよびQがともにラジカルで、結合生成が起こる場合。このとき"c"は再結合（colligation）を意味する。Cahn-Ingold-Prelog（C.I.P.）の序列規則[5]で優先順位の低いものをPとする。

例 1.2.3.1

$CH_3\cdot + CH_3\cdot \longrightarrow C_2H_6$

Ac(C, C)

規則 1.3　σ 結合の開裂

σの対称性をもつ共有単結合が開裂することを示すには（規則1.2の逆）大文字"D"でPC記号を表すことにする。

規則 1.3.1　D(P, Q)　イオン的解離。A(P, Q) の逆過程で、電子対はPに属する。

例 1.3.1.1

$Me_3CCl \longrightarrow Me_3C^+ + Cl^-$

D(Cl, C)

さらに例 1.4.1.1 なども参照。

規則 1.3.2　Dr(P, Q)　ラジカル種への解離。これは Ar(P, Q) の逆反応である。通常は原子Pが電子対をもちQがラジカルであるが、電子対をもっている分子種が電子欠乏のときには、その分子種がQでラジカルがPになる。

例 1.3.2.1　$S_{RN}1$ 過程の解離段階

$C_6H_5CH_2Cl^{\cdot -} \longrightarrow C_6H_5CH_2\cdot + Cl^-$

Dr(Cl, C)

さらに例 1.4.3, 1.5.2 および 4.1 参照。

規則 1.3.3　Dc(P, Q)　1.2.3 の逆反応。すなわち、電子対をつくっている σ 結合のラジカル的開裂。PもQもラジカルである。C.I.P.規則で優先順位の低い原子または同序列の原子をPとする。

例 1.3.3.1

$Me_3C-O-O-CMe_3 \longrightarrow 2\,Me_3CO\cdot$

Dc(O, O)

もし、生成物のラジカルのスピン状態を特定したほうがよい場合には、記号"Dc"をさらに拡張

することができる（規則 2.7 参照）。

規則 1.4 π 結合の生成

π の対称性をもつ共有結合の生成は，Ap の記号で表す。ここで "p" の記号は π の性質を表すものである。

規則 1.4.1　Ap(P, Q)　　イオン的な π 結合の生成。P と Q の順序は，規則 1.2.1 に定義された通りとする。

例 1.4.1.1

$C_6H_5N=N-OH \longrightarrow C_6H_5\overset{+}{N}\equiv N + \overset{-}{O}H$

Ap(N, N)　D(O, N)

注：たいていの π 結合生成もそうであるが，素反応（ER）として π 結合が生成するのみといった PC の例を見つけることが困難である。そのため，π 結合が関係する変化には，すべての場合にその変化に付随する σ 結合の変化も伴うことになる。2 個の PC を書く順序は第 2 節に定義してある。開裂に対応する PC は規則 1.3.1 に例が挙げてある。

規則 1.4.2　Apr(P, Q)　　一方の原子（通常これは Q である）が電子 1 個を供与する場合。P と Q は 1.2.2 に書いたとおりで，この例はその π 類似ということになる。

規則 1.4.3　Apc(P, Q)　　両者の原子がそれぞれ 1 個の電子を出す場合。1.2.3 の π 類似である。

例 1.4.3.1

$CH_3-CH_2\cdot + H-CH_2-CH_2\cdot \longrightarrow CH_3-CH_3 + CH_2=CH_2$

Ar(H, C<1>)　Dr(H, C<2>)　Apc(2/C, C)

< > に入った数字と / の前にある数字の意味については，第 3 節で述べる。簡単にいえば，"n/" は "n" の番号を付けた原子を意味し，<m> は m 番目の反応分子を意味している。

規則 1.5 π 結合の切断

π の対称性をもった共有結合が切れるときは "Dp" を用いる。

規則 1.5.1　Dp(P, Q)　　π 結合のイオン的切断（1.3.1 参照）

第3章 反応機構の線形表示

例 1.5.1.1

$$\overset{2}{CH_2}=\overset{1}{CH_2} + H^+ \longrightarrow \overset{+}{CH_2}-CH_2H$$

Dp(C, 2/C)　A(C, H)

この逆の過程は D(C, H)　Ap(C, 2/C) と書ける。

例 1.5.1.2

$$NH_3 + \text{C}=O \longrightarrow \overset{+}{NH_3}-\underset{|}{\overset{|}{C}}-O^-$$

A(N, C)　Dp(O, C)

この逆過程は Ap(O, C)　D(N, C) である。

注：電子対や電子スピンの場所については，規則 1.4 も 1.5 も，1.2 や 1.3 と同じ規則が適用されている。すなわち，π 結合に起こる変化は，それらの原子間に同時に起こる σ 結合の変化とは独立である（規則 2.1.2 参照）。

π 結合をつくる原子の1つに σ の対称性をもった共有結合が生成することは，上例の 1.5.1 のように示す。π 結合の変化が関係している場合には，その π 結合の変化を特定する。こうすることによって，例 1.2.1 で示した単なる会合の変化とはっきり区別することができる。広がった π 系の一端に付加が起こり，その結果起こる π 結合系の変化をはっきりさせる必要がない場合には，ER の接尾辞として "$" を用い，1つだけの共鳴限界構造式が記載されていることを示す（規則 3.4.3 参照）。

例 1.5.1.3

$$NH_3 + \overset{6}{CH_2}=\overset{5}{CH}-CH=CH-CH=O \longrightarrow H_3\overset{+}{N}-CH_2-\tilde{CH}-CH=CH-CH=O$$

A(N, 6/C)　Dp(5/C, 6/C) : $

規則 1.5.2　Dpr(P, Q)　π 結合がラジカル的に開裂してラジカルと電子対をもった生成物とをつくる変化（1.3.2 参照）。この前駆体はかならずラジカルであり，スピンをもったほうを通常 Q とする（1.3.2 参照）。

例 1.5.2.1

$$Cl\cdot + \overset{1}{CH_2}=\overset{2}{CH_2} \longrightarrow CH_2Cl-CH_2\cdot$$

Ar(C, Cl)　Dpr(C, 2/C)

この逆過程は Apr(C, 2/C)　Dr(C, Cl) である。

例 1.5.2.2

Me₃C-O· ⟶ Me₂C=O + CH₃·

  Apr(C, O) Dr(C, 2/C)

 規則 1.5.3 Dpc(P, Q) π 結合がラジカル的に開裂して 2 個の不対電子を与える変化（1.3.3 参照）。P は C.I.P. 規則で Q より優先順位が低いものとする。

 例 1.5.3.1

Dpc(C, C)

規則 1.6 3 中心結合

 2 個の原子だけが関係している変化として分けていくと非常に具合が悪いことになる基本変化がいくつか存在する。A や D の記号は，2 中心の結合ができたり切れたりすることを表すものであるから，このような場合には別の記号を用いるべきであろう。そこで，3 中心結合については記号 "U"（=union）を用い，その逆反応には "V" を用いることにする。

 規則 1.6.1 U(P, Q, R) この記号は，P-Q の σ 結合に対して R が求電子反応を仕掛けることを意味する。

 例 1.6.1.1

$CH_3-\overset{2}{C}H_2-\overset{1}{C}H_3$ + H⁺ ⟶ $CH_3-CH_2\overset{\oplus}{\underset{CH_3}{\cdots H}}$

  U(C, 2/C, H)

 規則 1.6.2 V(P, Q, R) 3 中心が解離して σ 結合をした P-Q と電子不足の R に分かれる変化。

 例 1.6.1.2 1.6.1.1 の逆過程
  V(C, 2/C, H)

 規則 1.6.3 Up (P, Q, R) 原子 P および Q（π 結合から電子対が供与される）と R とから付加物が生成。

例 1.6.3.1

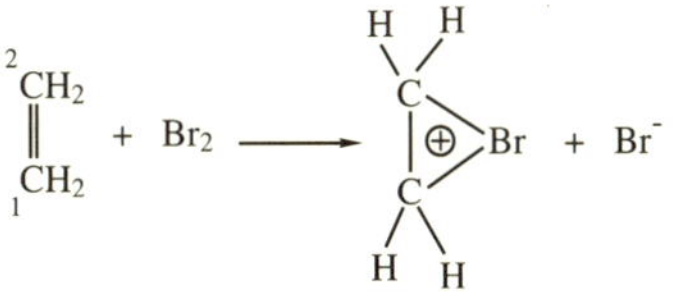

$$^2_1CH_2{=}CH_2 + Br_2 \longrightarrow \overset{H\ H}{\underset{H\ H}{C{-}C}}{\oplus}Br + Br^-$$

Up(C, 2/C, Br) D(Br, Br)

注：さらに弱い会合（たとえば，分子性 Br_2 と芳香族化合物との会合）については規則 1.9 によって表現することもできる。例 1.9.2.2 参照。

規則 1.6.4　Vp(P, Q, R)　　1.6.3 に挙げた反応の逆反応。すなわち，π 錯体の解離。ただし，P と Q は π 結合をつくっており，R は離れていった求電子剤である。

例 1.6.4.1　例 1.6.3.1 の逆反応

A(Br, Br)　Vp(C, 2/C, Br)

注：この表現法は，3 中心以上の π 結合にも拡張することができる。このときには，中心の数を表す数字を用い，各中心を特定するものとする。たとえば，金属 M とアリル型の π 結合の間に結合ができるときは，

Up3(C, 2/C, 3/C, M)

である。

規則 1.7　挿入と放出

挿入の記号は"I"，放出の記号は"X"とする。

規則 1.7.1　I(P, Q, R)　　P と R の σ 結合への Q の挿入。

例 1.7.1.1

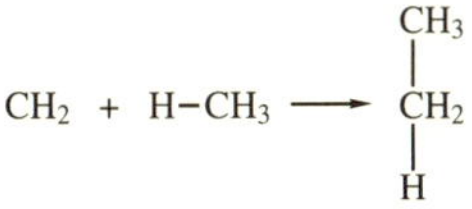

$$CH_2 + H{-}CH_3 \longrightarrow \underset{H}{\overset{CH_3}{\underset{|}{CH_2}}}$$

I(C, C, H)

規則 1.7.2　X(P, Q, R)　　P と R との間から Q が放出され，P と Q の σ 結合が生成する変化。

例 1.7.2.1

$(CH_2)_n \begin{matrix} CH_2 \\ \\ CH_2 \end{matrix} \begin{matrix} O \\ S \\ O \end{matrix} \longrightarrow (CH_2)_n \begin{matrix} CH_2 \\ \\ CH_2 \end{matrix} + SO_2$

X(C, S, C)

注：π 結合への挿入（たとえば $CH_2 + \begin{matrix} C \\ \| \\ O \end{matrix} \longrightarrow \begin{matrix} C \\ / \ \backslash \\ O - CH_2 \end{matrix}$ ）とその逆反応はキレトロピ

ー電子付加環化およびその逆反応の特殊例として扱う。下記 1.10.1.5 および 1.10.2.2 の例参照。

規則 1.7.3　Ia(P, Q, R, S)　　挿入する分子種が，生成物のなかで隣合わせになる 2 原子を提供する挿入過程。挿入する試剤が Q-R であり，P と Q および R と S の間に結合が生成する。

例 1.7.3.1　C=C 結合の B-H 結合への挿入

$\begin{matrix} B \\ | \\ H \end{matrix} + \begin{matrix} C \\ \| \\ C \end{matrix} \longrightarrow \begin{matrix} B-C \\ | \\ H-C \end{matrix}$

Ia(B, C, 2/C, H)

注：この反応は，ペリ環状反応機構で進むと考えることもできる（例 1.10.8.2 参照）。

例 1.7.3.2　O_2 の C-H 結合への挿入。

$CH_3-CH_3 + O_2 \longrightarrow CH_3-CH_2-O-OH$

Ia(C, O, O, H)

規則 1.7.4　Xa(P, Q, R, S)　　P と S の間から隣合わせの 2 個の原子 Q と R を放出する過程（1.7.3 の逆過程）。

規則 1.8　電子移動

いろいろな電子移動に記号 T を用いる。

規則 1.8.1　T(S, R)　　この記号によって，電子供与原子 S から受容原子 R に電子 1 個が移動することを表す。必要ならば，電子供与原子と受容原子の元素記号のほかに，関与する軌道の記号を付け加えることもできる。したがって，この

記号は，電子移動ならば，分子内でも分子間でも用いることができる。電子受容体が一般的か特定する必要がないときには，記号 Q を用いることにする。記号 eg, es, ec を用いて自由電子，溶媒和電子，伝導体または半導体中の電子を表す。規則 3.4.1 および 3.4.2 参照。また，T 記号を修飾して，電子移動に伴う放射によるエネルギー転移を表すこともできる。

例 1.8.1.1

$PhO^- + IrCl_6^{2-} \longrightarrow PhO\cdot + IrCl_6^{3-}$

$\quad T(O, Ir)$

例 1.8.1.2

$e_{solv}^- + CH_2=CH_2 \longrightarrow \dot{C}H_2-\bar{C}H_2$

$\quad T(es, C)$

例 1.8.1.3

$Ph\text{-}(CH_2)_2\text{-}CN^{\bar{\cdot}} \longrightarrow Ph^{\bar{\cdot}}\text{-}(CH_2)_2CN$

　　（分子内電子移動）

$\quad T(CN, Ph)$

例 1.8.1.4

$\rangle C=O \xrightarrow{h\nu} \rangle C=O^*$

$\quad T(O[w], O[p])$

　　（電子の表示——w は非結合電子，p はパイ（π）——については規則 1.10 参照）

例 1.8.1.5

$\rangle C=O \xrightarrow{Al/Hg} \rangle \dot{C}\text{-}O^-$

$\quad T(ec, O)$

例 1.8.1.6

　　"$S_{RN}1$" 過程の電子移動段階

$C_6H_5NH_2^{\bar{\cdot}} + C_6H_5I \longrightarrow C_6H_5NH_2 + C_6H_5I^{\bar{\cdot}}$

$\quad T(N, I)$

規則 1.9　弱い会合

素反応のなかには，通常の共有結合よりも弱い，たとえばイオン対間の引力や水素結合などの力によって結び付けられているものが生成したり分離したりする場合もある。これらの過程は，通常，拡散律速である。このような反応の場合，それに関係する基本変化をはっきりと特定することは困難なことが多いので，一般的な記号として"C"（拡散による会合 combination を意味する）を用いることにする。もしさらに弱いレベルの会合を，1 つの反応のなかで示す必要がある場合，たとえば緊密イオン対と溶媒介入イオン対とを別々に示す場合には，弱いほうの会合に Cw を用いる。もし，2 つの原子がまず弱い会合をし，ついで共有結合ができる場合には（すなわちこれら 2 つが別々の素反応である場合には），共有結合生成の段階は弱い会合状態から出発すると考えられる。同様に，共有結合が開裂する場合には，たとえばイオン対の解離などと特記されていないかぎり，自由分子種に分れるものと理解する。この解離は C の逆反応であり，P（parting）と呼ばれる。

規則 1.9.1　C(P, Q)　　P と Q の間にできる弱い会合の生成
　　　　　　Cw(P, Q)　　非常に弱い会合の生成

規則 1.9.2　P(P, Q)　　P と Q がつくる弱い会合体の解離
　　　　　　Pw(P, Q)　　非常に弱い力でむすばれた会合体の解離

例 1.9.2.1
　イオン対を経る脱離

$$B + H-\overset{|}{C}-\overset{|}{C}-X \rightleftharpoons BH^+ \cdot \overset{|}{\overset{-}{C}}-\overset{|}{C}-X \longrightarrow BH^+ + \overset{|}{\overset{-}{C}}-\overset{|}{C}-X \quad \overset{|}{C}=\overset{|}{C} + X^-$$

イオン対

　　A(B, H)　D(C, H) + P(C, H) + D(X, 2/C)

イオン対が離れる間もなくカルボアニオンが分離する場合，つまり P の過程が起こらないときには，この過程は削除することになるから，これらの過程が緊密に関連して起こっていることを示すために"＊"の印を使う（規則 2.2 参照）。すなわち，

　　A(B, H)　D(C, H)　＊　D(X, 2/C)

また P の段階が動力学的に意味がない（つまり，通常そうであるように，カルボアニオンがなくなる前に P の過程が完了している）場合には，P を付けなくてもよい。

　　A(B, H)　D(C, H) | D(X, 2/C)

例 1.9.2.2

C₆H₆ + Br₂ ⟶ [ベンゼン環⊕···Br-Br] （π 錯体）

C(C, Br)

Cで表す基本変化には2つのパラメーターがある。上例では，反応に2つ以上の炭素原子が関与することをはっきりと示す必要が生ずる場合もあろう。このような多重会合が起こる場合には，反応試剤に起こる非局在化が関係しているので，記号 $ を付けて示すことにする（規則3.4.3参照）。すなわち C(C, Br):$ となる。もし2つの Br 原子がともに環に結合しているなら，さらに PC が必要である。

例 1.9.2.3 熱力学的には不利なヒドロン移動による生成物の分離が律速の場合。

CH₃COO⁻ + HOPh ⇌ CH₃COO⁻·HOPh ⇌ CH₃COOH·⁻OPh
　<1>　　　　<2>　　　　　　　　　　　　　　↓
　　　　　　　　　　　　　　　　　　　　CH₃COOH + ⁻OPh

A(O<1>, H) D(O<2>, H) + P(O, H):#

まず反応種間に弱い会合が起こりそれから反応が起こる場合，あるいは反応が起こったのちに反応生成物の間に弱い会合が存在する場合などは，反応機構的に意味がないかぎり表示しないことにする。それで，イオン的解離が起こった場合にイオン対の生成を示す必要がある場合には，例1.3.1.1（Me₃CCl の解離）は次の例のようになる。

例 1.9.2.4

CMe₃Cl ⟶ CMe₃⁺·Cl⁻ ⟶ Me₃C⁺ + Cl⁻

D(Cl, C) + P(Cl, C)

規則 1.10　ペリ環状反応

ペリ環状反応　これまで使ってきた記号を連続的に用いてペリ環状反応を表すことも可能であり，また別の規則をつくって単一の表示にすることも可能であるが，ある特定の多中心基本変化を定義するほうがより妥当である。A と D の記号で表される反応では，共有結合ができたり切れたりするから，これらに"cy"の接尾辞を付けて電子移動が協奏的に環状に起こることを示すことにする。もちろん，単一の基本変化が段階を経て起こる反応を表せるわけではない。反応に関係する原子は，A と D の記号を始めて使ったときと同じように対にして，順序立てて示すことにする。原子の記号を書く順序は，電子環状反応が起こる環のなかの原子の順と同じにする。2つ以上の番号付けの可能性があるときには，最小の環で最も若い番号が付けられる原子を第一とする。これでも決まらないときは，C.I.P. の序列規則で優先順位の最も低いものを選ぶ。いろいろな電子環状反応の PC 表記

を選ぶ規則については規則 1.10.8 参照。ペリ環状反応の大部分は 4 つに分類される。

規則 1.10.1　AAcy(P, Q, R, S) [n]　　PとQ，RとSが結合して新しいσ共有結合が2個できる反応。このとき，PとSは同一分子内にあり，QとRは別の分子内にある。[ ]のなかに書いた部分は書かなくてもよいが，通常やられるように，反応に関係する電子の軌道を書いて，立体電子的特性を示すためのものである。ただし，下付き文字やギリシア文字は使わないことにする。πの代わりにp，σの代わりにs，ωの代わりにwを使うことにする。さらにスプラ形（suprafacial）およびアンタラ形（antarafacial）の記号として，同一線上にsとaを書いて示す[6]。アラビア数字は，反応に関係する電子の数を示すものである。

例 1.10.1.1

Diels-Alder 反応

AAcy(C, C, 4/C, 2/C) [p4s+p2s]

ここでは，PもQも炭素原子であるが，これらは異なる分子のなかにあるから，同じものではない。

例 1.10.1.2　$Ph-N_3$ の $CH_2=CH_2$ への双極付加

AAcy(C, N, 3/N, 2/C) [p4s+p2s]

例 1.10.1.3　キレトロピー付加

AAcy(C, S, S, 4/C) [p4s+w2]

この反応がキレトロピーの性質をもったものであることは，同じ原子が2度書かれていることでわかる。AAcy の PC は常に 4 個の演算子がある必要がある。この場合には Q と R は，定義により

同一分子内にあるが，偶然，同じ原子であったということになる。

例 1.10.1.4

$$\begin{array}{c} CF_2 \\ \parallel \\ CF_2 \end{array} + \begin{array}{c} CF_2 \\ \parallel \\ CF_2 \end{array} \longrightarrow \begin{array}{c} CF_2-CF_2 \\ | \quad\quad | \\ CF_2-CF_2 \end{array}$$

（禁制反応）

　　　AAcy(C, C, 2/C, 2/C)　[p2s+p2s]

例 1.10.1.5　カルベンの C=O への付加

$$R_2C\ +\ \underset{\displaystyle{\overset{|}{C}}}{\overset{\displaystyle{O}}{\parallel}} \longrightarrow R_2C\underset{C}{\overset{O}{\triangle}}$$

　　　AAcy(C, C<2>, O, C)

規則 1.10.2　　DDcy(P, Q, R, S)　[n+m]　　Q から P が離れ，S から R が離れて，P と S が 1 つの分子種に入り，別の分子種のなかに Q と R が入るような反応

例 1.10.2.1

（環状構造、位置番号 1,2,3,4,5,6）の Retro-Diels-Alder 反応

DDcy(3/C, 4/C, 5/C, 6/C)　[s4+p2]

例 1.10.2.2

（スルホランの構造）　⟶　（アルケン）＋ SO$_2$

DDcy(C, S, S, 2/C)　[p2s+w2s]

この反応がキレトロピーであることは，ここでも S が 2 回でることで示されている。

規則 1.10.3　　Acy(P, Q)　[n]　　P と Q の原子が結合する反応で，そのさい関係する電子の数が n であるという電子環状反応。若い位置番号の原子を先に書く（上記参照）。

例 1.10.3.1

Acy(C, 6/C)〔p6s〕

許容（逆旋）反応で，分子の同じ面で 1 と 6 の原子の結合が起こるので，s (suprafacial) の記号を使っている。これに相当する熱的に禁制の反応は

Acy(C, 6/C)〔p6a〕

となる。

規則 1.10.4　Dcy(P, Q)〔n〕　　電子環状の開環過程。規則 1.10.3 の逆過程である。このとき何個の π 結合の変化があるかは n で示される。若い番号の原子を先に書く。

例 1.10.4.1

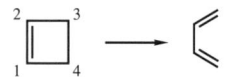

Dcy(3/C, 4/C)〔p2+s2a〕　　（共旋反応。π 結合はアンタラ形で生成する。電子の記号は反応物について書いている）

これに相当する禁制反応は

Dcy(3/C, 4/C)〔p2+s2s〕

と書ける。

例 1.10.4.2

Dcy(2/C, 3/C)〔s2s〕　　（逆旋）

規則 1.10.5　ADcy(P, Q, R, S)〔n〕　　シグマトロピーの反応で，R–S の結合が切れ，P–Q の結合が生成する反応。n は関係する電子の数と型を示す。従来，原子 P, Q, R, S の相対的位置を示すために，〔i, j〕の記号を使ってきたが，P, Q, R, S の原子がはっきりと規定できれば，〔i, j〕の記号は不要とな

る。また，ここに用いる電子の記号は，もし数個の軌道が特定できる場合には，[i, j] との混乱を避けるため，コンマでなく＋の記号でつなぐこととする。最も若い位置番号の原子を最初に書く。

例 1.10.5.1

ADcy(C, H, H, 5/C) [6s]　　(6 電子，スプラ形)

この反応が [1,5] の性質をもっていることは，Q と R に同じ原子が使われており，P と S が 5 原子離れていることで示されている。

例 1.10.5.2　(Cope 転位)

ADcy(C, 6/C, 4/C, 3/C) [p2＋s2＋p2]

例 1.10.5.3　(Claisen 転位)

ADcy(C, 6/C, 4/C, O) [p2＋s2＋p2]

例 1.10.5.4　(Wittig 転位)

ADcy(C, 5/C, 3/C, O) [6]　　([2,3] シグマトロピー反応として書いてある)

例 1.10.5.5　上記の反応は，イオン反応が 2 段階で進行するとして説明することもできる。このときはまったく違う機構となる。

Ap(C,O) D(3/C,O) Ap(3/C,4/C) Dp(5/C,4/C):$+A(5/C,C) Dp(O,C)

規則 1.10.6　ADAcy(P, Q, R, S, T, U) [n]

これは、1つの結合が切れ、2つの結合が生成するエン反応である。このときも、AやDのときに決めた順序で原子を特定することとする。すなわち、P原子はQに結合し、TはUに結合し、RとSの結合が切れる。

例 1.10.6.1

ADAcy(C<1>, C<2>, 3/C<2>, H, H, 2/C<1>) [p2s+p2s+s2s]

規則 1.10.7　DADcy(P, Q, R, S, T, U) [n]　　上記反応の逆反応

例 1.10.7.1

DADcy(4/C, 3/O, O, H, H, 5/C) [6]

ここでは、電子立体的記述が、各軌道の特性を示すことなく、[6] と簡略に示してある。

例 1.10.7.2　Cope 型の脱離。電子環状反応と考えられている。

DADcy(3/C, N, O, H, H, 4/C)

もしこれがイオン反応とするならば、

A(O, H)　D(4/C, H)　Ap(4/C, 3/C)　D(N, 3/C)

となる。

規則 1.10.8　電子環状反応に対する上記の規則はさらに複雑な系に適用できる。このさいには，各 σ 結合の生成を A で表し，結合が切断することを D で表す。結合の生成のほうが切断よりも多いときは A を最初に書き，切断のほうが多いときは D を最初に書く。両方の型があるときは，第二の記号は第一の記号と違うものを選ぶ。その後ろの記号は，ここで述べた規則に従って，電子環状反応を表すようにする。

例 1.10.8.1　ジアゼンからオレフィンへの協奏的電子環状水素移動

ADDAcy(C, H, H, N, 2/N, H, H, 2/C)　[6]

例 1.10.8.2　1.7.3.1 の反応を電子環状反応の機構で表現

ADAcy(C, H, H, B, B, 2/C)

規則 1.11　配座変換

配座変換にはエネルギー障壁があるから，それ自身基本変化と考えるか，いくつかの基本変化から成り立つ素反応の一部と考えるべきである。この変化を示すには記号 R (Rotation) を用いる。

規則 1.11.1　Ra(A)　　A が環のアキシャル位置にくる配座変換。

規則 1.11.2　Re(A)　　A が環のエクアトリアル位置に来る配座変換。

規則 1.11.3　R(A, B)　[n]　(n＝0, 60, 120, 180 など)
　　　　　　　　　　　結合の周りに回転が起こって，隣合わせの原子に結合している原子 A と B が二面角 n になる変化。

第 2 節　素反応の表示

規則 2.1　基本変化の組合せ

もしいくつかの基本変化が協奏的に起こるときには，第 1 節で述べた記号を組み合わせて表すことができる。このとき，それらの基本変化は同一直線上に順番に記述する。基本変化を表す記号の間にコンマや終止符を付ける必要はない。しかし，読むのに容易なようにスペースを入れることができる。上記の基本変化の表示法は，途中に句読点など入っていなくても，順序を立てて書く基本変化に混乱が起こらないように配慮している。しかし，ER には分子の振動 (約 10^{-13} s) よりも寿命

の長い中間体はないが，カップルド（Coupled）とアンカップルド（Uncoupled）の基本変化[8]の区別は付けたほうがよいと考えられるときには，アンカップルドの部分を終止符"."で離してもよい。一連の PC を並べることによって，素反応が表され，どのようにして反応物が生成物になるかが示される。

規則 2.1.1 協奏的な反応を書く順序は，別に定義されなければならない。もしある機構のなかで電子の電荷が移動している場合には，この電荷移動は左から右に起こっているように書く。すなわち，求核付加は求核種が攻撃するのが最初で，その分子内の別の場所でそれに伴う変化が起こって終わる。これに対して求電子付加では，求電子種が結合をつくる基本変化は，ここの表記では右端で，最後だということになる。もしその変化が電荷をもっていない系中で起こり，スピンの変化だけが問題ならば，スピンも左から右に移るように書く。ある式をいつも同じに書くことは，基本的な重要性をもっているわけではないが，便利ではある。すなわち，できる限り，電子が移動する矢印は，矢の先端がいつも右を向いているように書くのがよい。

規則 2.1.2 同種の原子間の結合が 2 個生成したり切断したりするときには，σ 生成を最初に書き，σ の切断は最後に書く。

例 2.1.2.1

2 CH$_2$ ⟶ C$_2$H$_4$

A(C, C<2>) Ap(C<2>, C)

例 2.1.2.2

$$\underset{R}{\overset{R}{\diagdown}}C\underset{1}{=}\overset{+}{\underset{2}{N}}\underset{3}{=}\overset{-}{N} \longrightarrow \underset{R}{\overset{R}{\diagdown}}CH + N_2$$

Ap(3/N, 2/N) Dp(C, 2/N) D(2/N, C)

例 2.1.2.3 ニトロソベンゼンの 2 量化

$$\begin{array}{c}\text{Ar-N=O}\\\text{Ar-N=O}\end{array} \longrightarrow \begin{array}{c}\text{Ar}-\overset{+}{N}\diagdown\overset{O^-}{}\\\|\\\text{Ar}-\underset{+}{N}\diagup\underset{O^-}{}\end{array}$$

A(N, N<2>) Dp(O, N<2>) Ap(N<2>, N) Dp(O, N)

例 2.1.2.4　ホスフィンの酸化

R₃P + ⁻O-O-H ⟶ R₃P=O + ⁻OH

　　A(O,P)　Ap(P,O)　D(2/O,O)

金属と配位子との間の結合生成のさいに，σ供与とπ逆供与が起こるときにも，同様な記述法が使える。例2.7.2も参照。

規則 2.1.3 　"r"（ラジカル的結合または解離）と"c"（再結合）の項がどちらも1つのERにでてくるときは，反応種がラジカルならば"r"を最初に書き，生成物がラジカルなら，"r"は最後に書く。例2.1.5.1参照。

規則 2.1.4 　2個のラジカルが相互作用をするときは，上述の規則だけではどちらのPCを先に書くか決まっていない。もし一連の記号の一方の端がσ結合の生成に関係しているなら，それを最初に書く（上記例1.4.3.1）。このさいπ結合の生成は順位が低いことになり，結合の開裂についても，σ結合の開裂が先で，π結合の開裂はあとになる。

規則 2.1.5 　規則2.1.4でも順序が決まらないとき，そして問題になっている系が本来対称でない場合には，2つの異なるフラグメントをつなぐ基本変化があるはずである。各フラグメントにC.I.P.の序列規則[5]を適用し，順位の低いフラグメントが関係する変化を最初に書き，スピンが動いていく方向に，それに続く変化を記述する。

例 2.1.5.1

Ar(2/C, 4/C<2>)　Dpr(2/C, C)　Apc(C, O)

（ のフラグメントは　　よりも優先順位が高い）

規則 2.2　素反応の順序

反応機構は，一連のERとして書かれるが，そのさい，反応は通常左から右にあるいは上から下に進行するものとしている。これらのERは"+"の記号でつなぐ。本当の中間体が存在するのだけれど拡散による周りの溶媒との平衡が成立する前に消えてしまうような場合には，その中間体が生成

したり消滅したりする ER は"＋"でなく"＊"(アステリスク)でつなぐ。例の1.9.2.3 と 1.9.2.4 は，"＋"で表すよりは"＊"で表したほうがより正確である反応の例である。さらに例1.9.2.1 も参照のこと。

規則2.3　律速段階

律速の素反応を示したほうがよい場合には，昔から遷移状態に使われてきた記号"†"を用いることにする。このさい，この記号は，その反応の接尾辞として PC(P, Q):†のように表す。機械が読む表現で適当な記号がないときには"#"(ハッシュ，番号，四角，あるいはシャープ)の記号を"†"の代わりに用い，その線上に書く(上付き文字でなく)。例 3.1.4.2, 3.1.4.3, 3.4.3.1 などを参照。

規則2.4　連鎖反応

連鎖反応の成長段階にあたる一群の素反応は，中カッコ｛　｝で括り，その順序が繰り返されることを示す。分子に＜n＞，＜n＋1＞などの記号を付けて，同一の参加分子，たとえば単量体を示すことができる。

例 2.4.1　ラジカル機構によるオレフィンの重合

R・ ＋ CH$_2$=CH$_2$ ⟶ R-CH$_2$-CH$_2$・

　　｛Ar(C＜n＋1＞, C＜n＞)　Dpr(C, 2/C＜n＋1＞)｝

第6節の表にある S$_{RN}$1 の表現および例 2.5.1 と 4.1 も参照。

規則2.5　競争反応

別反応経路がある反応機構は，相当する素反応の組合せに通し番号を付けて示す。たがいに競争関係にある素反応には同じ通し番号を付す。

例 2.5.1　炭化水素のハロゲン化

Cl$_2$；CH$_4$；
Dc(Cl, Cl) ＋
｛Ar(H, Cl)　Dr(H, C＜n＞):1＋Ar(Cl, C＜n＞)　Dr(Cl, Cl):2｝＋
Ac(Cl, Cl):1＋
Ac(C, C):2＋ 　　｝停止反応，それぞれの反応は同じ番号を付けた反応と競争関係
Ac(Cl, C):1, 2

規則2.6　接尾辞を付けるときの一般規則

相当する反応のところに，以上に述べた以外の印(たとえば立体化学)を付けることもできる。このような印のことを接尾辞という。この接尾辞は，素反応全体にかかるもので，そのなかの PC それ

それにかかるものではない。この接尾辞は一連の PC の記号にコロン":"を付けたのちに記す。いくつかの接尾辞がつながるときは，コンマでつなぐことにする。

規則2.7　スピン交換

スピン多重度の変化が伴う反応は，記号 M を接尾辞として付けて示すことにする。この種の変化は，ふつう，結合をつくるとき（規則 1.2.3 および 1.5.3）または結合が開裂するとき（規則 1.4.3 および 1.5.3）に起こるが，一重項・三重項の変換は電子移動（規則 1.8.1）のときに起こることもあり，イオン的に解離するさいに起こることさえある。PC の記号に "c" がついているもの（たとえば "Dc"）は，そのとき多重度の変化がある可能性を示すもので，そこに関係するフラグメントや反応物にスピンが関係しているときには，特定をする必要がある。

例 2.7.1

$>C=O \xrightarrow{h\nu} >C=O^*$ （三重項）

T(O[w], O[p]):M

例 2.7.2

$\begin{array}{c}R\\R\end{array}>C=\overset{+}{N}=\overset{-}{N} \longrightarrow \begin{array}{c}R\\R\end{array}>C\begin{pmatrix}\uparrow\\\downarrow\end{pmatrix} + N_2$

Ap(3/N, 2/N)　Dpc(C, 2/N)　Dr(2/N, C)：M

注：例 2.1.2.2 はスピンが対をつくった解離である。多重度（M）に変化がないときには，生成物は励起一重項である。

例 2.7.3

$CH_2 \uparrow\downarrow \longrightarrow CH_2 \uparrow\uparrow$

T(C, C):M または，よりはっきりしたかたちでは T(C[w], C[p]):M

例 2.7.4

$\begin{array}{c}R\\R\end{array}>\overset{-}{C}-\overset{+}{N}\equiv N \longrightarrow \begin{array}{c}R\\R\end{array}>C\uparrow\uparrow + N_2$

D(N, C)

例 2.7.5

$$\begin{array}{c}R\\R\end{array}\!\!C\!-\!\overset{+}{N}\!\equiv\!N \longrightarrow \begin{array}{c}R\\R\end{array}\!\!C\!\uparrow\!\uparrow + N_2$$

D(N, C)　T(C[p], C[w])　または D(N, C):M

注：例 2.7.2 と 2.7.5 はもちろん同じ反応である。しかし，その記号が違うのは，出発点で用いる共鳴の限界構造式が違うからである（規則 3.1 参照）。さらに例 2.1.2.2 および 4.5 の例参照。

規則 2.8　拡散律速の反応

ER で，それ自身の活性化エネルギーあるいは他の反応の活性化エネルギーによって反応速度が決まるのでなく，周りの溶媒中への拡散が速度を決める場合には，相当する C または P の記号を含んだ表現をとることとなる（規則 1.9 参照）。

例 2.8.1

$$CH_3\cdot\ +\ CH_3\cdot \longrightarrow C_2H_6$$

C(C, C)　Ac(C, C)

ここでは，2 個の $CH_3\cdot$ は異なる $CH_3\text{-}N\!=\!N\text{-}CH_3$ 分子から発生したものでもよい。

例 2.8.2

$$IrCl_6{}^{3-} + IrCl_6{}^{2-} \longrightarrow IrCl_6{}^{2-} + IrCl_6{}^{3-}$$

C(Cl, Cl)　T(Ir, Ir)

第 3 節　構造の表示

上記の規則では，原子に一般記号 P や Q などを用いて表現した。等電子の電子移動だけを考慮しているときにはそれで十分であるが，もちろん反応機構はその原子の化学的な性質やその原子の近くにある原子の影響を受ける。したがって，反応種の化学的性質と同様に，原子を表す記号を決めておく必要がある。

規則 3.1　最小構造

反応機構のモデルは，それが意味をもつ最小構造の範囲内でのみ使用されるべきである。その反応機構に関係しないすべての基や原子は考慮に入れないことにする。このさい "関係がある" かどうかの判断基準は，反応機構のどれかの段階で，その原子や基に結合の変化が起こるかどうかである。

規則 3.1.1　反応に関係しない原子や基を，反応性をもたない仮想上の 1 価の基 G に置き換えることによって最小構造を求める．この構造に番号を付けるときには，G は H 原子と形式上同じと考えることにする（すなわち，G は炭素の鎖には入らず，特定の置換基ともならない）．講演中や文意上で不明確さが起こる心配がない場合には省略してもよいが，機械読み表現の場合はいつでも，最小構造はまぎらわしさのないものでなければならない．非局在化した系では，ある特定の共鳴限界構造式を示すことにする（これは通常最もエネルギーの低いものである）（例 2.7.2 および 2.7.4 参照）．

　　例 3.1.1.1　ハロゲン化アルキルの S_N1 や S_N2 反応の最小構造は CG_3X である．

　　例 3.1.1.2　アルケンに対する付加反応の最小構造は $CG_2=CG_2$ である．

　　例 3.1.1.3　E1 反応の最小構造は C_2G_5X，E2 のそれは XC_2G_4Y である．

規則 3.1.2　ある特定の基質の原子で，反応機構のなかで論議されるものは，通常の IUPAC 命名法[7]で決まっている位置番号を付ける．

規則 3.1.3　一般化した基質（すなわち最小構造）中の原子は，「有機化学変換命名法」[8]に推奨されている方法で表記することにする．すなわち，相対的な位置は，アラビア数字の後ろにスラッシュ"/"を付けて，3 番目の位置にある酸素を"3/O"あるいは 2 番目にある炭素を"2/C"のように表す．

規則 3.1.4　最小構造中に原子の鎖があって，その原子に番号を付けなければならないときには，原子番号の大きな原子がある端から番号を付けることとし，両端が同じ原子の場合には不飽和度の大きなほうを優先する．この最初の原子の記号が"1/"である．ヘテロ原子が鎖端にある場合にも，そのヘテロ原子に番号を付ける．

　　例 3.1.4.1

<chemical structure: R-C(=O)-O-C(R¹)(R¹¹)(R¹¹¹)>　エステル加水分解の基質

は，アルキルと酸素の間の結合が切れるときは $G-O-CG_3$ と考えることができる（ただし例外もある．例 3.4.4.2 参照）．

その反応でアシル基と酸素の結合が切れるときは，

<chemical structure: G-C(=¹O)-³O-⁴C(G)(G)(G), numbered 2 for acyl C, 3 for bridging O, 4 for alkyl C>

となり，カルボニル酸素が 1/O でもう一つの酸素は 3/O となる．

例 3.1.4.2　いろいろなエステル加水分解の機構；このさい関係する第二の分子種は OH^- か H_2O である。これらの例のうち，いくつかの例ではその律速段階を#の記号で示している（規則 2.[3]）。しかし，ここで示すやり方が，Ingold 型の反応機構を表す唯一の表記法であることを意味するものではない（たとえば，例 3.4.4.2 も参照のこと。第 6 節の表には簡単な反応機構の記号表記の方法を比較しているので，それも参照）。

"$A_{AL}1$"（表：1.12）[3]
A(O,H)+D(O,C):#　+A(O<2>,C)

注：アシル基の C は最小構造に入っていないから，どちらの C–O 結合が切れるかについてはあいまいさはない。

例 3.1.4.3
"$A_{AC}1$"（表 1.12）[3]
A(3/O,H)+D(3/O,2/C):#　+A(O<2>,2/C)

例 3.1.4.4
"$A_{AC}2$"（表：1.8 a）[3]
Dp(O,2/C)　A(O,H)+A(O<2>,2/C)+D(O<2>,H)+A(3/O,H)+D(3/O,2/C)+D(O,H)　Ap(O,2/C)

例 3.1.4.5
"$A_{AL}2$"（表：1.3）[3]
A(O,H)+A(O<2>,C)　D(O,C)+D(O<2>,H)

例 3.1.4.6
"$B_{AC}1$"（表：1.10）[3]
D(3/O,2/C):#　+A(O<2>,2/C)

例 3.1.4.7
"$B_{AL}1$"（表：1.10）[3]
D(O,C):#　+A(O<2>,C)

例 3.1.4.8
"$B_{AC}2$"（表：1.7）[3]
A(O<2>,2/C)　Dp(O,2/C)+Ap(O,2/C)　D(3/O,2/C)

さらに例 1.10.5.4，1.10.7.1 および 1.10.1.2 も参照。

規則 3.1.5　通常の位置番号をもたない水素原子の位置は，番号を付けないとあいまいさが残るときを除き，付けないことにする。もしあいまいさが残るときは，その水素がつい

ている原子を示すことにし，たとえば H(C) は 1/C についている水素を意味し，H(3/O) は 3/O についた水素を意味することにする．

規則 3.1.6　置換基は規則 3.1.5 と同様に表現する．ただし，末端のヘテロ原子は例外である．

例 3.1.6.1　β-ケト酸の脱炭酸

$$\overset{1}{\text{O}}\quad\overset{5}{\text{OH}}$$
$$\text{H}-\underset{2}{\text{C}}-\underset{3}{\text{CH}_2}-\underset{4}{\text{C}}=\text{O}$$

O(4/C) は反応に関係がないと考える．したがって，それは置換基である．

電子環状機構
　　DADcy(5/O, H, H, O, 3/C, 4/C)

2 段階機構
　　A(O, H)　D(5/O, H)
　　　+Ap(5/O, 4/C)　D(3/C, 4/C)　Ap(3/C, 2/C)　Dp(O, 2/C)

規則 3.1.7　あいまいさがないときには，原子や置換基の位置をいちいち特定する必要はない．

例 3.1.7.1　D や Dp あるいは Ap などの記号で表される基本変化では，原子が結合していることはわかっているから，通常，1 個の原子をその位置番号で示せば十分である．

例 3.1.7.1　ピナコール転位

$$\overset{1}{\text{HO}}-\overset{2}{\text{CH}_2}-\overset{3}{\text{CH(OH)}}-\overset{4}{\text{CH}_3}$$

　　A(O, H) + Ap(O, 3/C)　D(4/C, 3/C)　A(4/C, 2/C)　D(O, 2/C) + D(O, H)

例 3.1.7.2　ヒドロキシ-de-ハロゲン-転位

$$\text{HO}^- + \overset{*3}{\text{CH}_3}-\overset{2}{\text{CH}_2}-\overset{1}{\text{CH}_2\text{Cl}} \longrightarrow \text{HO-CH}_2\text{-CH}_2\text{-}\overset{*}{\text{CH}_3} + \text{Cl}^-$$

　　A(O, 2/C)　D(3/C, 2/C)　A(3/C, C)　D(Cl, C)

規則 3.1.8　反応種中の原子に与えた位置番号は，その反応機構を構成する一連の ER のすべてに続けて使用する．すなわち，各段階で原子の番号が変わることはない．

例 3.1.8.1　Favorsky 転位

$$\text{HO}^-;\ \overset{3}{\text{CH}_3}\text{-}\overset{2}{\text{CO}}\text{-}\overset{1}{\text{CH}_2\text{Cl}}$$

ベンジル酸型のルート
　　A(O, 2/C)　Dp(O, 2/C) + Ap(O, 2/C)　D(3/C, 2/C)　A(3/C, C)　D(Cl, C)

シクロプロパノン型のルート
A(O, H(3/C)) D(3/C, H)：$ +A(3/C, C) D(Cl, C)
+A(O, 2/C) D(C, 2/C) A(C, H)：1
+A(O, 2/C) D(3/C, 2/C) A(3/C, H)：1

規則 3.2 構造の指示

ある反応を行わせるときに，その反応によってどこが変わるのか，その骨組みをはっきりとさせるために，反応種の最小限必要な構造を示す必要がある。そのとき構造式を書いたり，構造をはっきりさせる名前をいったりすることも可能であるが，構造を指示するためには，一般名を使ってもよい。そして，文意から明らかなとき以外は，構造式や名前は ER の前に書くことにする。

最小構造式の構造表示は，鎖をつくる原子の記号を基にして行い，それに反応機構を表すのに必要な最小限の置換基をつける。このさい，番号の付け方は，規則 3.1.4 に示されている。

例 3.2.1　例 3.1.7.1 の最小構造は，OCCC O(3/C) と指示することができる。

例 3.2.2　ハロゲン化アルキルの OH^- との S_N2 反応は次のように表す。
ハロゲン化アルキル；水酸化物イオン；A(O, C) D(X, C)

そして S_N1 反応は
ハロゲン化アルキル；水酸化物イオン；D(X, C)+A(O, C)

（このほか，本章の他の例参照）

規則 3.3 反応種の表示

どの原子がどちらの反応種に属するかわからないときには，それぞれの反応種に番号を付け，＜＞のカッコに括って表すことにする。そこにでてくる最小構造も適当な数字を付けて区別する必要があるが，通常は順番に書かれているものと決めてかかってもよい。記号＜1＞は省いてもよい。反応種を書いてゆく順番は，通常，各反応のそれぞれ最初にでてくるものが最初であるという意味では，他の場合と同じである。

例 3.3.1　Diels-Alder の反応
エテン＜1＞；ブタジエン＜2＞

このあとに，例 1.10.1.1 のように，反応機構を書く。もう少し広げて書くと，
AAcy(C, C＜2＞, 4/C＜2＞, 2/C) [p4s+p2s]

例 3.3.2　Cannizzaro 反応
OH^-, HCHO, HCHO, H^+
A(O, C＜2＞) Dp(O, C＜2＞)
+Ap(O, C＜2＞) D(H, C＜2＞) A(H, C＜3＞) Dp(O, C＜3＞)+A(O＜3＞, H＜4＞)

規則 3.4 電子・ヒドロン・非局在化系の特例

上述の化学元素記号を用いてある反応種を表す方法が正確でなかったり役に立たなかったりする例がある。

規則 3.4.1　電子の位置を表すことが必要ならば，溶媒和されたものには es，気相の場合には eg，伝導体または半導体中の電子は ec で表す。

規則 3.4.2　電子の起源や電子の行き先が重要でない電子移動またはいろいろな種が関係した電子移動である特定の種を指示することが望ましくない場合には，記号 "Q" を用いる。これは，一種のジョーカーである。必要なら，この他の記号の代わりに使うこともできる。

例 3.4.2.1　$S_{RN}1$ 反応の場合のように，いろいろな電子供与体から芳香族ハロゲン化合物 ArX への電子移動

T(Q, X)

規則 3.4.3　記号 $ は，共役系中の結合転位の詳しいことを書く必要がないとき（例 1.5.1.3 参照），あるいはある特定の転位が ER の結果に欠くことができないという理由で示されているとき（例 3.4.4.1 参照），ER の記号の接尾辞として用いる。

例 3.4.3.1　次の 2 つの反応はよく似ていて，よく似た生成物を与える。ここでは 1 種のみの限界構造式が示してある。

そして，その第一段階は次のように書ける。
　　A(O, 2/C)　Dp(2/C, N) : $　および　A(O, 4/C)　Dp(4/C, 3/C) : $
その次に起こるヒドロン化の過程はそれぞれ次のように書ける。
　　A(N, H)　および Ap(3/C, 2/C)　Dp(2/C, N)　A(N, H)

第二の場合には，反応の結果が，もとの負電荷のあった位置にヒドロンがついたわけではないから，このように二重結合の移動を表す必要がある。しかし，この二重結合の移動は 4-クロロピリジンの 2 つある素反応のどちらか（両方というわけにはいかない）に含めて表すことも可能である。弱い会合に対して "$" を使う例については，例 1.9.2.2 参照。

規則 3.4.4　ある ER における反応物が非局在化しているときには，その ER が起こる限界構造

式を，最小構造として規定することにする(例2.1.2.2および例2.7.4参照)。もしその反応物が，その前にあるERの生成物であるときには，最初にできた構造に次のERが起こるものとして取り扱いを行う。

例3.4.4.1　最も安定な限界構造式が書かれているときには，エノラート陰イオンのヨウ素化は

$$H_2C=\underset{H}{\overset{|}{C}}-O^- + I_2$$

　　　　Ap(O, C)　Dp(2/C, C)　A(2/C, I)　D(I, I)

となるが，最初に炭素陰イオンが生成する塩基触媒のエノール化を含め全体の反応を書く必要があるときには，第二の素反応は，もう少し簡単に書くこともできる。

　　　D(2/C, H) : #, $
　　　　+A(2/C, I)　D(I, I)

しかし，塩基触媒のエノール生成は次のように書くこともできる。

　　　D(2/C, H)　Ap(C, 2/C)　Dp(O, C) : $　+A(O, H)

例3.4.4.2　エステルの加水分解"$A_{AL}1$"反応の第一段階は，例3.1.4.2で仮定したようにエーテル酸素にまずヒドロン化が起こるのではなく，カルボニル酸素にヒドロン化が起こることも十分考えられる。すると第一の中間体は次のように書ける。

$$\underset{G}{\overset{G}{G-C}}\underset{4}{-}O\underset{3}{-}\underset{\underset{G}{|}}{\overset{\overset{1}{+}}{C}}=\overset{2}{O}-H \longrightarrow \underset{G}{\overset{G}{G-C^+}} \quad O=\underset{G}{\overset{G}{C}}-OH$$

　　　A(O, H)+D(3/O, 4/C)　Ap(3/O, C)　Dp(O, C) : # +A(O<2>, 4/C)

律速段階を形成するERの最後の2つのPCは，酸フラグメントの安定な限界構造式に達するのに必要である。しかし，これはもっと簡単に次のように表すこともできる。

　　　D(3/O, 4/C) : #, $

注：二重結合の一端に起こる単純付加は，その結合に変化が起こること（規則1.5.1参照）を示す必要がない，すなわち次の反応は

$$H^+ + CH_2=CH_2 \longrightarrow CH_3\text{-}CH_2^+$$

　　　A(C, H)

と書けばよく

　　　Dp(C, C)　A(C, H)

と書く必要はないとの議論も可能であろう。しかし，そうすると限界構造式

$$\overset{+}{C}H_3=CH_2$$

ができることになり，化学の常識からすると都合が悪い。この構造はふつう重要な寄与をする構造とは考えにくいからである。同様に，例1.5.1.2は，π結合の変化を示さないことにすると

$$H_3\overset{+}{N}-\underset{|}{\overset{|}{C}}=O$$

となってしまい，

$$H_3\overset{+}{N}-\underset{|}{\overset{|}{C}}-O^-$$

の構造に重要な寄与をする限界構造式とは考えにくい。

> 規則3.4.5　平衡状態にあって，速くヒドロンの移動が起こっている場合には，問題となる反応に酸や塩基が関係していないかぎり，ヒドロンを与える酸（受け取る塩基）は特定しないことにする。これは特殊酸（塩基）触媒に相当する。

例3.4.5.1　カルボニル化合物の酸触媒によるエノール化

CH₃CHO; H⁺; ROH
 <1>　　<2>　<3>

　　A(O, H<2>)＋A(O<3>, H)　D(2/C, H)　Ap(2/C, C)　Dp(O, C) :#

エノールの臭素化
　　Ap(O, C)　Dp(2/C, C)　A(2/C, Br)　D(Br, Br)＋D(O, H)

例3.4.3.2および3.1.4.4も参照。

第4節　その他の適用例（表と第6節も参照）

第6節には，この勧告と同時に出された「簡単な反応機構の記号化規則」[3]に取り上げたすべての反応の他にもう2つの反応〔S_HArとS_N1cb（カルベン）〕を取り上げている。この記号化とこの線形表現とは，大部分の場合，非常によく対応している。線形表現から記号化するには，線形表現の完全名称中にある"p"の項を無視する。そして，(X, C)の項に下付きの文字Nを付けるか，(C, X)の項にEを付ける。Cが入っていない項では，下付きの文字を付けない。これとは違う例は規則1.5と1.8，それに3.3に出てくるだけである。これら2つの勧告が狙うところは違うのだけれども，できるだけ，相互に変換できるように配慮されている。

例4.1

電子移動が触媒になって起こる反応機構は$S_{RN}1$, $S_{RE}2$, $S_{ON}2$, $S_{OE}1$などと呼ばれる。ここでRは

還元されたことを意味し，O は酸化されたことを意味するが，そうして生成したラジカルが，ついで求核置換や求電子反応を受けるのである。生成物は必要に応じて再酸化（あるいは再還元）されてもとの触媒を再生したり，もう1つの基質分子と電子交換の反応を起こしてさらに置換反応を促進する。したがって，$S_{RN}1$ の反応は（Y が X を置換するとすれば）

$$T(Q, C) + Dr(X, C) + Ar(Y, C) + T(C, Q)$$

で表されるが，もしそうしたいなら，この反応が連鎖的であることを示すために，次のように書いてもよい。

$T(Q, C)$　　開始反応
$+ \{Dr(X, C) + Ar(Y, C) + T(C\langle n\rangle, C\langle n+1\rangle) : 1\}$　　成長反応
$+ T(C, Q) : 1$　停止反応　次の基質分子への電子移動と競争

次に示す関連反応機構（4.2-4.4）では，置換段階だけが示されている。全体の反応機構は，ここにやったのと同じやり方でつくり上げることができる。

例 4.2

$S_{RE}2$ の反応はラジカルへの求電子付加が関係しており，陰イオンラジカルの D^+ を H^+ が置換するのがその一例である。

$$Ar(C, H) + Dr(C, D)$$

注：これに関係するもう一方の原子は電子不足であるから，これは最初の原子の記号がラジカルである"r"の例である（規則 1.2.2）。

例 4.3

$S_{ON}2$ の過程は最初に酸化 $T(C, Q)$ があり，ついで求核種 Y が会合してから X が離れるというものである。

$$Ar(Y, C) + Dr(X, C)$$

例 4.4

$S_{OE}1$ の反応は，求電子試剤が，解離的に交換するもので，たとえばアミンのラジカル陽イオンの α-C からヒドロンが失われる反応がそうである。

$$Dr(C, H) + Ar(C, D)$$

注：原子を示す記号の順は規則 1.2.2 に示されているが，D や A の PC に求電子あるいは求核の相手が占める位置と同じになっている。Ar や Dr などの記号による表現は，不対電子がそこで示される結合変化に関係していてもいなくても，適用される。

例 4.5
イオンとラジカルの過程が混合している他の例としては，芳香族置換反応で提唱されているものがある．

$$ArH + NO_2^+ \longrightarrow ArH^{\ddagger} + NO_2\cdot \longrightarrow ArHNO_2^+$$

T(C, N) + Ac(C, N)

例 4.6
遷移金属の軌道へあるいは遷移金属の軌道から起こる電子移動の場合には，T の PC 記号に他の PC 記号を付けて表すことができる．

$$Cu^{II}Cl + R\cdot \longrightarrow Cu^{I} + RCl$$

T(R, Cu^{II}) D(Cl, Cu) A(Cl, R)

$$Fe^{III}(C_5H_5)_2 + R\cdot \longrightarrow Fe^{II}(C_5H_5)(C_5H_4R) + H^+$$

T(R, Fe^{III}) A(C, R) + D(C, H)

第 5 節　記号と略号の表

記号	意味	規則
PC	基本変化	前文
ER	素反応	前文
P, Q, R, S など	原子を表す一般化記号 PC の演算を受ける （カッコにいれてコンマで区切る）	規則 1.1
Q	原子または基の一般化記号．いくつかの可能性があるとき使用	規則 3.4.2
G	基．最小構造の中で反応に関係しない置換基を示す	規則 3.1.1
2/	この記号の後にある原子の相対的位置を示すもの	規則 3.1.3
⟨2⟩	この記号のすぐ前にある原子が所属する反応種の通し番号 　たとえば，3/C⟨2⟩ は反応種 2 中の 3 番目の原子	規則 3.3
P(R)	原子 R 上にある置換原子 P 　たとえば，H(3/O) は 3 番の位置の O についた水素	規則 3.1.5, 3.1.6
A	結合	規則 1.2.1
Ar	ラジカル的結合	規則 1.2.2
Ac	再結合	規則 1.2.3
D	開裂	規則 1.3.1
Dr	ラジカル的開裂	規則 1.3.2
Dc	2 つのラジカルへの解離	規則 1.3.3
p	（たとえば Ap）関係する π 結合を示す	規則 1.4, 1.5
U	連結．3 個以上の中心をもつ種をつくる	規則 1.6.1

V		U の逆	規則 1.6.2
I		1個の原子を結合の間に挿入する	規則 1.7.1
Ia		2個の隣接する原子の挿入	規則 1.7.3
X		放出（I の逆）	規則 1.7.2
T		1個の電子移動	規則 1.8
C		拡散による会合（弱い会合）	規則 1.9
P		分離（C の逆）	規則 1.9
R		回転（立体配座）の段階	規則 1.11
cy		電子環状過程（たとえば ADAcy）	規則 1.10
es, eg, ec		その位置記号をつけた自由電子	規則 3.4.1
[ ]		軌道または電子に関する情報を入れるカッコ	
		（例 1.8.1.4 および 2.7.3 参照）	規則 1.10.1
		立体配座に関する情報を入れることもある	規則 1.11.3
w, s, p, a, s		必要に応じて英語のアルファベットに書き換えた電子の表記法（大カッコ [ ] に入れて用いる）	規則 1.10.1
+		連続する素反応を結合させる記号	規則 2.2
*		+と似ているが，中間体が溶液全体と平衡にならない場合	規則 2.2
.（終止符）		1つの ER で"アンカップルド"の PC を示す場合に用いる	規則 2.1
あき（スペース）		1つの ER 中の基本変化の間に置くことができる（なくてもよい）。PC 中でなければほかのところに用いることもできる(PC ともう 1 つの PC の間には，読むための便宜のため，スペースを入れたほうがよいが，PC を表しているカッコのなかにスペースを入れてパラメーターを分けてはならない。いかなる場合にも，PC を表す記号や元素記号をスペースで区切ることは避けるべきである。スペースはまた[ ]のなかで使ってもよい。スペースは，区切りとしては何の意味ももっていないから，コンピュータに一連の記号として蓄積するときには省略してもよい。その例は表参照）	
:		接尾辞を，ER のその他部分と分離するのに用いる	規則 2.6
#		律速段階を示す接尾辞	規則 2.3
2		ER の順番を示す数（接尾辞として用いる）	規則 2.5
{ }		このカッコ内に入っている ER が繰り返されることを示す	規則 2.4
M		スピン多重度の変化を示す接尾辞	規則 2.7
$		非局在化した系を示す接尾辞	規則 3.4.3
;		反応種のリスト中で，反応種を分けるのに用いる	規則 3.2
,（コンマ）		PC 中で原子の間に用いたり，接尾辞が複数ある場合にそれらを分離するのに用いる	例 2.5.1
(行換え)		ER や PC の間で，必要に応じて行うことができる。しかし，一つの ER を表すのに 2 行に分けることは推奨できない	
		行換えをすることと+の記号とは同じでない	例 3.1.8.1
		しかし，表の中では ER を 2 行にするほうが便利なこともある（表の例参照）	例 2.5.1
/		相対的位置を示すときに用いる記号	規則 3.1.3
〈 〉		反応種の順番を示す数字を入れるのに用いる	規則 3.3

第3章　反応機構の線形表示

( )	PC において変化を受ける原子を括るために用いるカッコ（すなわち ER のパラメーターのリスト） また，素反応パラメーターリストの中で補助的に位置に関する情報を入れる場合にも，このカッコに入れる	規則 1 規則 3.1.5, 3.1.6
C, N, Br など	通常の元素記号	
C. I. P.	Cahn-Ingold-Prelog の序列則（文献 5）	
n	一般整数値（"n 番目の分子" のように用いる）	

注：表示のために用いる記号は，印刷可能な ASCII の文字組から，上付や下付の文字あるいはその他の活字変形を行うことなく，選べるように特に注意してある．ここに掲げる記号を変形したり拡張したりするときには，同じ文字組から選ぶ必要がある

第 6 節　表

「反応機構の記号表示法」（文献 3）に勧告されている名称と，それに対応する Ingold 型の名称，および本勧告に記述された線形表示の対照表

第 2 章の例番号	Ingold 型名称	線形表示	記号表示
		置換機構	
1.1a	S_N2	$A(X,C)D(Y,C)$	A_ND_N
1.1b	S_N2'	$A(X,C)Dp(2/C,C)Ap(2/C,3/C)$ $D(Y,3/C)$	$3/1/A_ND_N$
1.2a	S_E2	$D(C,X)A(C,Y)$	D_EA_E
1.2b	S_E2'	$D(C,Y)Ap(C,2/C)Dp(3/C,2/C)$ $A(3/C,X)$	$1/3/D_EA_E$
1.3	S_N2cA または $A2$	$A(Y,Z)+A(X,C)D(Y,C)$	$A_e+A_ND_N$
1.4	なし	$A(Z,X)+D(C,X)A(C,Y)$	$A_n+D_EA_E$
1.5	S_EC または $S_E2\,coord$	$A(Z,X)+D(C,X)A(C,Y)D(Z,Y)$	$A_n+A_EDD_E$
1.6a	S_Ei または S_F2	$A(Z,X)D(C,X)A(C,Y)D(Z,Y)$	A_EDAD_E
1.6b	S_Ei'	$A(Z,X)D(C,X)Ap(C,2/C)$ $Dp(3/C,2/C)A(3/C,Y)D(Z,Y)$	$3/1/A_EDAD_E$
1.7	S_NAr または Ad_N-E または $B_{AC}2$	$A(X,C)Dp(2/C,C)+$ $Ap(2/C,C)D(Y,C)$	A_N+D_N
1.8a	なし	$A(Y,C)Dp(2/C,C)+A(Z,E)+$ $Ap(2/C,C)D(Z,C)$	$A_N+A_e+D_N$
1.8b	$A_{AC}2$	$A(O,H)+A(X,C)Dp(2/C,C)+A(Z,E)$ $+Ap(2/C,C)D(Z,C)+D(O,H)$	$A_h+A_N+D_hA_h$ $+D_N+D_h$
1.9	S_E2Ar	$Dp(C,2/C)A(C,X)+$ $D(C,Y)Ap(C,2/C)$	A_E+D_E
1.10a	S_N1 または $B_{AL}1$	$D(Y,C)+A(X,C)$	D_N+A_N
1.10b	S_N1'	$Dp(2/C,C)Ap(2/C,3/C)D(Y,3/C):\$$ $+A(X,3/C)$	$1/D_N+3/A_N$

153

1.11	S_E1	$D(C, Y) + A(C, X)$	$D_E + A_E$
1.12	S_N1cA または $A1$	$A(Y, Z) + D(Y, C) + A(X, C)$	$A_e + D_N + A_N$
1.13	なし	$A(Z, Y) + D(C, Y) + A(C, X)$	$A_n + D_E + A_E$
1.14	$S_E1(N)$ または $S_E1\text{-}X^-$	$A(Z, Y)\ D(C, Y) + A(C, X)$	$A_n D_E + A_E$
1.15	なし	$D(Y, C) + D(X, Y) + A(X, C)$	$D_N + D + A_N$

付加機構

2.1	Ad3	$A(X, C) Dp(2/C, Z) A(2/C, Y)$	$A_N A_E$
2.2	なし	$Ia(X, C, 2/C, Y)$	$A_N D A_E$
2.3	なし	$AAcy(X, C, 2/C, Y)$	cyclo-AA
2.4	なし	$A(X, C) Dp(2/C, C) + A(2/C, Y)$	$A_N + A_E$
2.5	なし	$Ap(C, 2/C) A(C, Y) + A(X, 2/C)$	$A_E + A_N$

脱離機構

3.1	なし	$D(C, Y) Ap(C, 2/C) D(X, 2/C)$	$D_E D_N$
3.2	E2 または E2H	$A(X, Y) D(C, Y) Ap(C, 2/C) D(Y, 2/C)$	$AD_E D_N$
3.3	E_1	$A(X, Y) D(C, Y) Ap(C, 2/C) D(X, 2/C)$	$D_N AD_E$
3.4a	E_2cA?	$A(X, E) + D(C, Y) Ap(C, 2/C) D(X, 2/C)$	$A_e + D_E D_N$
3.4b	E_2cA?	$A(X, E) + A(Z, Y) D(C, Y)$ $Ap(C, 2/C) D(X, 2/C)$	$A_e + A_n D_E D_N$
3.5	E1	$D(X, C) + D(C, Y) Ap(C, 2/C)$	$D_N + D_E$
3.6	E1	$D(Y, C) + A(Z, Y) D(C, Y) Ap(C, 2/C)$	$D_N + A_n D_E$
3.7	E1cA	$A(X, E) + D(X, C) +$ $A(Z, Y) D(2/C, Y) Ap(2/C, C)$	$A_e + D_N + A_n D_E$
3.8	E1cB	$A(Z, Y) D(C, Y) + Ap(C, 2/C) D(X, 2/C)$	$A_n D_E + D_N$
カルベン生成	S_N1cb	$D(C, X) + D(Y, C)$	$D_E + D_N$

ラジカル機構

4.1	S_H2	$Ar(X, Y)\ Dr(Y, C) + Ar(Z, C)\ Dr(Z, X)$	$AD_R + A_R D$
4.2	S_H1	$Dc(C, Y) + Ar(Z, C)\ Dr(Z, X)$	$D_R + A_R D$
4.3	$S_{RN}1$	$\{T(Q, Y) + Dr(Y, Ar) + Ar(X, Ar)\}$	$T + D_N + A_N$
4.4	なし	$Ar(C, X) Dpr(C, 2/C) +$ $Ar(Y, C) Dr(Y, X)$	$A_R + A_R D$
ラジカルによる Y の X への置換（芳香族）	$S_H Ar$	$Ar(C, X)\ Dpr(C, 2/C) +$ $Apr(C, 2/C) Dr(C, Y)$	$A_R + D_R$

文　献

1) J. Mathieu, A. Allis, J. Valls, *Angew. Chem.*, **72**, 71(1960); R.D. Guthrie, *J. Org. Chem.*, **40**, 402(1975); D. C. Roberts, *J. Org. Chem.*, **43**, 1473(1978).
2) J. S. Littler, *J. Org. Chem.*, **44**, 4657(1979).
3) R. Guthrie, *Pure Appl. Chem.*, **61**, 23(1989); 本書第2章。
4) V. Gold, "Glossary of Terms used in Physical Organic Chemistry", *Pure Appl. Chem.*, **55**, 1281(1983).
5) R. S. Cahn, C. Ingold, V. Prelog, *Angew. Chem., Int. Ed. Engl.*, **5**, 385(1966); L. C. Cross, W. Klyne, *Pure Appl. Chem.*, **45**, 11(1976).
6) 文献1,「付加環化」参照。R. B. Woodward, R. Hoffman, *Angew. Chem., Int. Ed. Engl.*, **8**, 781(1969); R. Huisgen, *Angew. Chem., Int. Ed. Engl.*, **7**, 321(1968).
7) IUPAC有機化学命名法「確定規則」（ブルーブック），Pergamon Press, Oxford(1979).
8) J. F. Bunnett and R. A. Y. Jones, *Pure Appl. Chem.*, **61**, 725(1989); 本書第1章。

有機化学変換のIUPAC命名法 索　引

A

A(下つき文字をつけない)　87
A(association, attachment)　79, 120, 122
A2　93
A1　96
$A_{AC}1$　96, 144
$A_{AC}2$　85, 94, 144
AAcy　132
$A_{AL}1$　96, 144, 148
$A_{AL}2$　144
Ac　123
Acy　133
AD　80
A+D　80
Ad　108
Ad3　97
ADAcy　136
Ad-CO　111
Ad-CO-AH　109
Ad-CO-HO⁻　112
ADcy　134
addition　3
Ad_N-E　94
A_E　87
A_E+A_N　82, 98
$A_e+A_nD_ED_N$　99
$A_e+A_ND_N$　93
$A_E+A_{xh}D_H$　84
A_E+D_E　95
$A_e+D_N+A_N$　96
$A_e+D_N+A_nD_E$　100
$A_e+D_ED_N$　82, 99
aggregating　16

A_H+A_N　83, 98
$A_h+A_N+A_hD_h+D_N+D_h$　94
$A_h+A_ND_N$　83, 93
$A_HD_H*P^{\neq}$　106
$A_h+D_N+A_N$　96
$A_h+D_N+A_{xh}D_H$　100
$A_HD_{xh}+A_N$　83
$3/A_H+1/A_{xh}D_H^{\neq}$　114
Amadori 転位　66
A_N　87
A_NA_E　97
A_N+A_E　98
A_N+A_H　98
$A_NA_HD_{xh}$　112
$A_N^{\neq}+A_H$　111
$A_N+A_HD_{xh}^{\neq}$　111
$A_N+A_{xh}D_h+D_N$　84
$A_N+A_{xh}D_h^{\neq}*D_N$　110
$A_N+C^{\neq}*A_HD_{xh}$　111
$A_N+C^{\neq}*A_{xh}*D_N$　111
$A_N+cyclo$-$D_EA_ED_N$　93
$A_n+D_EA_E$　93
$A_n+D_E+A_E$　96
$A_nD_E+A_E$　97
$A_nD_E+D_N$　100
$A_nD_ED_N$　97, 99
$A_ND_ED_N$　99
$A_n+D_ED_N$　82, 93
A_ND_N　82, 88, 92, 110
$A_N*D_N^{\neq}$　110
$3/1/A_ND_N$　92
A_N+D_N　94, 110
A_N*D_N　94, 110
A_N(intra-D_N)　89
$A_ND_N+D_h$　83

157

Ap 124
Apc 124
Apr 124
A_R 87
Ar 122
$A_R + A_R D_r$ 104
$A_r D_R + A_R D_r$ 103
A_{RE} 87
A_{RN} 87
At 108
attachment 3
$A_{xh}D_H + A_H D_{xh}$ 97
$A_{xh}D_H D_N$ 84, 88, 112
$A_{xh}D_H + D_N$ 100
$A_{xh}D_H + D_N{}^{\neq}$ 106, 113
$A_{xh}D_H * D_N$ 113
$A_{xh}D_H{}^{\neq} * D_N$ 113
$A_{xh}D_H{}^{\neq} + D_N$ 106, 113
$A_{xh}D_H + D_N A_H D_{xh}{}^{\neq}$ 113
$1/A_{xh}D_H{}^{\neq} + 3/A_H$ 114
$1/3 \cdot A_{xh}D_H A_H D_{xh}$ 114

B

$B_{AC}1$ 144
$B_{AC}2$ 94, 144
Baeyer-Chichibabin のピジリン合成 66
$B_{AL}1$ 95, 144
Beckmann 転位 65, 66
biaddition 26
Binbaum-Simonini のエステル合成 67
Birch 還元 72
bis- 14
Borsche のテトラヒドロインドール合成 67
Bucherer 反応 72
Bucherer-Bergs のヒダントイン合成 67

C

C (拡散会合) 90, 130, 142
c (colligative, colligation) 120, 123, 139
$C^{\neq} * A_H D_H$ 106
$C^{\neq} * A_N$ 106
$C * A_N{}^{\neq}$ 111
$C * A_N A_H D_{xh}$ 112
$C * A_N{}^{\neq} * A_H D_{xh}$ 112
$C * A_N{}^{\neq} * A_{xh} D_h * D_N$ 111
$C * A_N D_H D_{xh}$ 112
Cannizzaro 反応 67, 146
carrier atom 81
$C^{\neq} * A_{xh} D_h$ 111
$C * C^{\neq} * A_N$ 107
$C * D_H A_H * P$ 91
$C * D_N * A_N$ 110
$C * D_N{}^{\neq} * A_N$ 110
cine-置換 42
C. I. P. の序列規則 9, 123, 131, 139
Claisen 縮合 72
Claisen 転位 41, 135
Claisen-Schmid 反応 72
Clemmensen 還元 72
colligation 123
colligative 120
Cope 脱離 136
Cope 転位 41, 72, 135
core atom 80
coupling 3
$C + T + P$ 91
Cw 130
cy (接尾辞) 131
cyclo (接頭辞) 52
cyclo 88, 93
cyclo-AA 88, 98
cyclo-AAD 89, 97
(cyclo-AA)D_n 89
cyclo-$A_N A_E$ 88
cyclo-$A_N A_E D_n$ 89, 97
(cyclo-$A_N A_E$)D_n 89
cyclo-$D_E A_E D_n A_n$ 93
cyclo-1/3/$D_E A_E D_n A_n$ 94
cyclo-$D_E D_N A_n$ 99

D

D (Dissociation, Detachment) 79, 123
D (下つき文字をつけない) 87
$D + A$ 80
DAD 136
DADcy 136
$D + \{A_r D_R + A_R D_r\}$ 107

索引

Dc 123
Dcy 134
D_E 87
De 108
-de-(綴字) 11, 17
$D_E A_E$ 92, 97
$D_E + A_E$ 96
$1/3/D_E A_E$ 92
Deckerの酸化 67
Delépin反応 72
Demiyanov環拡大 67
Demiyanov環縮小 67
Detachment 3
deuterio 11
$D_H + D_N{}^*$ 113
Diels-Alder反応 59, 132, 146
diffusioanal combination 90
diffusioanal separation 90
D_N 87
$D_N A_e + A_N$ 96
$D_N A_h + A_N$ 96
$D_N + A_N$ 95, 110
$D_N{}^* + A_N$ 109
$1/D_N + 3/A_N$ 95
$D_N + A_n D_E$ 100
$D_N + A_{xh} D_H$ 83, 100
$D_N + D + A_N$ 97
$D_N + D_E$ 100
$D_N + D_H$ 83, 100
$D_{Nint} + A_N{}^*$ 109
$D_{Nint} + C^* * A_N$ 109
$D_{Nint} * D * A_N$ 97
$1/D_N + \text{intra-}1/A_N + \text{intra-}2/D_N + 2/A_N$ 101
$1/D_N + \text{intra-}1/2/A_N D_N + 2/A_N$ 102
$1/D_N + \text{intra-}1/A_N + \text{intra-}4/D_N + 4/A_N$ 102
$D_{Nss} * A_N$ 91
$D_{Nss} * P + A_N$ 91
$D_N * P + A_N$ 91
Dp 124
Dpc 126
Dpr 125
D_R 87
Dr 123
$D_R + A_R D_r$ 103
D_{RE} 87

D_{RN} 87
$D_{xh} + A_N{}^* + A_H$ 112

E

E(下つき) 81
e(下つき) 82
E1 99, 100
E1反応の最小構造 143
E1cA 100
E1cB 100, 106, 112, 113
E2 97, 112
E2反応の最小構造 143
ec 129
eg 129
Ei 99
es 129
elementary reaction 80, 121
elimination 3
Em 108
Em-AL-B 109, 112
Em-CO 113
Em-CO-B 113
Em-CO-OH− 113
endo 52
endocyclo 54
ER(elementary reaction) 121
Eschenmoser-田辺の環開裂 68
exo 52
exocyclo 54
extrusion 3

F

Favorsky転位 145
Finkelstein反応 72
Fischerのインドール合成 65, 68
Fischer-Hepp転位 73
Friedel-Craftsアシル化 73
Friedel-Craftsアルキル化 73

H

Haller-Bauer反応 73
Hell-Vollhard-Zellinski反応 73

159

Hinsberg のスルホン合成　68
Hofmann 型脱離　30
Hofmann 分解　73
Hofmann 転位　73
hydro　11
hydrogen　11

I

I　127
Ia　128
Ingold の命名法　78, 86, 105, 153
insertion　3
int　90
intra（接頭辞）　84, 88
intra-$A_h D_H + D_N^{\neq}$　113
intra-$1/A_N$ + intra-$4/D_N$　102
(intra-A_N)D_N　89
(intra-$1/A_N$)$1/D_N$ + $2/A_N$(intra-$2/A_N$)　102
(intra-$2/1/D_N A_N$)$1/D_N$ + $1/A_N$　102

J・K

Japp-Klingemann 反応　73
Kolbe-Schmidt 反応　73
Kucherov 反応　73

M

M（接尾辞）　141
Mark のアルキノールリン酸エステル転位　68
Marker のジオスゲニン減成　68
Mattox 転位　69
McFadyen-Stevens 反応　73
Meerwein-Ponndorf-Verley 還元　74
Menshukin 反応　74
Meyer-Schuster のアルキノール転位　69
Michael 反応　74
-$migro$-置換　42
Mozingo 還元　72
multiplicity　14

N・O

N（下つき）　81

n（下つき）　81, 82
N-ニトロソ化　13
Neber のアミノケトン合成　69
Nenitzescu アシル化　74
Oppennauer 酸化　74

P

P（拡散分離）　90, 130, 140
p　132
parting　130
Paterno-Büchi 反応　74
PC (primitive change)　120, 121
Pearson のアミド合成　69
peripheral atom　81
Piloty-Robinson のピロール合成　69
Porter-Silber 転位　69
Prevost 反応　74
Prilezhaev 反応　74
primitive change　79, 120, 121
protio　11
Pummerer 転位　69
Pw　130

R

R　137
r　139
R（下つき）　81
r（下つき）　82
Ra　137
Radziszewski 反応　74
Ramberg-Bäcklund のオレフィン合成　69
Re　108, 137
Reddelien のピリジン合成　69
reference atom　80
Reformatsky 反応　74
Retro-Diels-Alder 反応　133
ring-closure　3
ring-opening　3
Ritter 反応　75
Rosenmund 還元　65

S

s 132
Sandmeyer 反応 75
Schleyer のアダマンタン化 71
Schmidt 反応 75
S_E1 96
$S_E1(N)$ 97
S_E1-X 97
S_E2 92, 93, 95
S_E2' 92
S_EC 93
seco 52
S_Ei' 94
Serini のケトン合成 69
S_H1 103
S_H2 103
sigma-移動 41
simple rearrangement 3
S_N1 95, 146
S_N1cA 96
S_N1 反応の最小構造 143
S_N2 92, 110, 146
S_N2 中間体 109
S_N2' 90, 92
S_N2 反応の最小構造 143
S_N2cA 93
S_NAr 94
S_Ni 97
$S_{OE}1$ 150
$S_{ON}2$ 150
$S_{RE}2$ 150
$S_{RN}1$ 103, 122, 123, 129, 150
ss 90
Su 108
Su-AC 108, 110
Su-AC-B 110
Su-AL 108, 109
Su-AR 108
substitution 3
substrate 4
Su-Ni 108
Su-P 108

T

T 91, 128
T+A_R 91
TD_N 104
T+D_N+A_N 104
tetrakis- 14
Tiemann の尿素合成 70
tris- 14
tritio 11
Tt 108
Tt-AH 114
Tt-B 114
Tt-B, AH 114

U・V

U 126
Ullmann 反応 75
uncoupling 3
Up 126
Up3 127
V 126
valence 9
Varrentrapp 開裂 70
Von Auwers 転位 70
Vp 127

W・X

w 132
Willgerodt 反応 71
Wittig 転位 135
Wolff-Kishner 還元 72
Woodward 反応 74
X 127
Xa 128

記号

+ 80, 121, 139
* 80, 90, 106, 130, 140
≠ 106, 196
＜＞ 121, 124, 131, 146
． 138
†(ダガー) 140
#(ハッシュ) 140
{ } 107, 140
：(コロン) 141
／(スラッシュ) 5, 143
＄(接尾辞) 125, 147
⟶ 39

あ

アジドの生成 68
アシル化 12
アジレンの生成 66
アシロイン縮合 65, 66
アセタト脱着 39
アセチレン
　　——脱離による生成 29
　　——の生成 31
　　——への付加 18, 25
アセトフェノンのカップリング 44
アセトンの付加 21
アゾキシベンゼンの生成 69
アミドの生成 66
アミノ置換
　　ハロゲン化合物の—— 13
アラビア数字 9
亜硫酸イオンの付加 21
アリル型置換 17
アルキル移動 40
アルキンの生成 68
アルドール反応 72
アレーンの酸化 66
アンカップリング 3, 43, 47
アンカップルド 138
アンタラ形 132

い

硫黄原子の放出 51
イオン
　　——解離 123, 131
　　——サンドイッチ 109
　　——対 109, 113, 130
　　——的脱離機構 82
　　——の名称 6, 7
　　——付着 37
イソシアナートの還元 68
イソシアナートの付加 37
イソチオシアナートの還元 68
イソニトリルの生成 68
イソニトリルへの付加 26
イタリックの元素記号 10
1/ 10
1,3-付加 25
1,4-付加 5, 24
1価基
　　——の脱離 29
　　——の置換 11
　　——の付加 18
一挿入 48
位置の指示 10
一電子還元 129
一電子酸化 129
一放出 50
一般塩基触媒 108, 110, 113
一般規則
　　接尾辞をつけるときの—— 140
一般酸触媒 108, 112, 113, 114
一般則 9
　　命名の—— 9
一般名 9
　　——における優先性 9
移動 39
　　Claisen 転位—— 41
　　Cope 転位—— 41
　　-sigma-—— 41
　　アルキル—— 40
　　交換—— 40
　　水素—— 41
　　接尾辞—— 39

索引

多数の―― 40
脱着をともなう―― 42
脱離をともなう―― 42
置換をともなう―― 42
付加をともなう―― 42
付着をともなう―― 42
メチル―― 40
イミノ基の挿入 49
陰イオン 7

え

エステル
　　――加水分解 143
　　――の合成 66
エタノアト脱着 39
エタンチオールのカップリング 44
エノラートのヨウ素化 148
エノール化 114, 148, 149
エノールの臭素化 149
塩基触媒 108
エン反応 136

お

オキサジ-π-メタン転位 69
オキシド付着 37
オキシランの生成 66
オレフィン
　　脱離による生成 29
　　――へのヒドロン付加 148
　　――への付加 18
　　――とジアゼンとの反応 137

か

開環 3, 52, 56
　1原子上で多価置換がおこる―― 63
　1原子が2個の置換に関係する脱離による
　　―― 63
　脱離による―― 62
　置換による―― 58
　電子環状―― 134
　独立の2か所で結合が切断する―― 64
　バラバラにならない―― 56

バラバラになる―― 62
分子内脱着による―― 56
分子内脱離による―― 57
会合 130
開裂
　σ結合の―― 123
　π結合の―― 124
拡散会合 "C" 90
拡散分離 "P" 90
拡散律速 90, 106, 130, 142
価数 9
拡張規則 106
過酸エステル
　　――の分解によるカップリング 45
加水分解
　エステルの―― 143
　スルホン酸の―― 13
カップリング 3, 43
　アセトフェノンの―― 44
　エタンチオールの―― 44
　過酸エステルの分解による―― 45
　カルボニル化合物の―― 44
　ジアゾメタンの―― 45
　第二級ハロゲン化合物の―― 45
　脱着をともなう―― 44
　タングステン化合物の―― 45
　チオカルボニルの―― 45
　ニトロベンゼンの―― 45
　ヒドラゾンの―― 44
　複雑な―― 45
　付着と脱着をともなう―― 47
　付着のともなう―― 46
　ブロモベンゼンの―― 44
カップルド 138
加溶媒分解 91
カルベン
　　――が生成する脱離 32
　　――の生成（ジアゾ化合物からの） 138, 141
　　――の挿入 49
　　――への付加 23
　カルボニルへの――の付加 133
カルボジイミドへの付加 21
カルボニル
　　――化合物のカップリング 44
　　―-トリチアン変換 64

163

──の生成　30
　　　──の挿入　49
　　　──の放出　51
　　　──へのカルベンの付加　133
　　　──への付加　21, 125, 149
環化　52
還元
　　　──的アゾキシ開裂　69
　　　一電子──　129
環状過程　88
環状脱離　62, 89
環の大きさの表示　52

き

基　7
　　　──の名称　6, 7
　　　ケイ素を含む──　8
　　　導入──　11
　　　入ってくる──　11
　　　離脱──　11
　　　リンを含む──　8
機構以外の情報　106
機構に関する情報　5
基質の定義　4
記述名　4
基準原子　80
キノンの生成　66
基本変化　79, 120
　　　──の組合せ　137
　　　──の順序　88
　　　──の番号　90
　　　──の表示　121
キャリヤー原子　81
求核置換　89
　　　──反応　85
　　　転位をともなう──　101
求電子置換　89
求電子芳香族置換　95
協奏機構　110
協奏求核置換　92
協奏的求電子置換　92
協奏的脱離機構　98
協奏的付加環化　98
協奏的変化　80

競争反応　140
共鳴限界構造式　125
共役ケトンへの付加　25
共役二重結合が生成する脱離　32
キレトロピー　128, 133
　　　──付加　132
緊密の int　90

く・け

組合せ
　　　基本変化の──　137
結合　120, 126
　　　π──の開裂　124
　　　σ──の開裂　123
　　　σ──の生成　122
　　　π──の生成　124
　　　π──の切断　124
　　　π──のラジカル開裂　126
　　　3中心──　126
結合生成　79
結合開裂　79
ケテンの挿入　127
β-ケト酸の脱炭酸　145
原子の優先権　85
元素
　　　反応位置の──　5
元素記号 C の省略　10

こ

5/　18
交換　110
交換移動　40
口述名　4
構造の表示　142
固相電子　129
五脱離　34
五置換　16
五付加　28
互変異性化　108
コンマ　9

さ

再結合　123
最小構造　142
　　——の表示　146
　　E1 反応の——　143
　　E2 反応の——　143
　　S_N1 反応の——　143
　　S_N2 反応の——　143
　　付加反応の——　143
索引名　4
錯体生成　122
酸化
　　一電子——　129
　　酸素による——　128
　　ホスフィンの——　139
酸化状態
　　——の表　7
　　——と名称　8
3/　18
3 中心結合　126
酸触媒　108
三重結合への付加　25
酸素付着　37
三脱離　34
三置換　16
三付加　28
酸無水物の生成　66

し

ジアゼンとオレフィンとの反応　137
ジアゾアルカンの生成　69
ジアゾ化　67
ジアゾ化合物からカルベンの生成　141
ジアゾニウム塩
　　——の還元　67
　　——の置換　12
ジアゾメタンのカップリング　45
シアン化水素の付加　21
σ 結合の開裂　123
σ 結合の生成　122
シグマトロピー　41, 134
シクロアルカノンの酸化　71

シクロデヒドロ化　71
四臭化炭素の付加　21
下つきの e　82
下つきの E　81
下つきの N　81
下つきの n　81, 82
下つきの R　81
下つきの r　82
下つき文字を付けない A　87
下つき文字を付けない D　87
四脱離　34
四置換　16
四付加　28
ジ-π-メタン転位　68
ジメチルエーテル脱着　39
ジメチルスルフィド付着　37
自由イオン　91
臭化物付着　37
重合　140
集合型置換　16
終止符"."　138
集積二重結合が生成する脱離　32
臭素（1＋）イオン脱着　39
臭素化
　　エノールの——　149
臭素付着　37
自由電子　129
順序
　　素反応の——　139
情報　5
　　機構に関する——　5
　　立体化学に関する——　5

す

水素　11
　　——移動　41
　　——脱着　39
　　——の置換　11
　　——の同位体　12
　　——の付加　27, 28
スピン交換　141
スピン多重度の変化　141
スプラ形　132
スラッシュ　5, 9, 143

スルホン酸
　——の加水分解　13
　——の還元　70
　——の脱離　30

せ

生成
　σ結合の——　122
　π結合の——　124
セコアルキル化　69
切断
　π結合の——　124
接頭辞　9
　——cyclo　52, 58
　——cyclo　88
　——cyclo-ビス　61
　——endo　52
　——endocyclo　54
　——epi　58, 62
　——exo　52
　——exocyclo　54
　——intra　84, 88
　——seco　52, 62
　——seco-ビス　64
　——ペル　28
接尾辞　9, 121, 140
　——-aggre-置換　17
　——-cine-置換　42
　——-cy　131
　——-cyclo-付着　53
　——-migro-脱着　43
　——-migro-脱離　43
　——-migro-置換　42
　——-migro-付加　43
　——-seco-脱着　56
　——-sigma-移動　41
　——アンカップリング　47
　——一放出　50
　——移動　39
　——を付けるときの一般規則　140
　——化　11
　——カップリング　44, 46
　——交換　40
　——五脱離　34

　——五付加　28
　——三脱離　34
　——三付加　28
　——四脱離　34
　——四付加　28
　——挿入　48
　——脱着　38
　——脱離　29, 62
　——置換　11, 63
　——二挿入　50
　——二脱離　34
　——二付加　26
　——二放出　51
　——ビス移動　41
　——付加　18, 58
　——付着　36
　——放出　50
遷移金属の関係する電子移動　151
遷移状態　106

そ

双極付加　132
挿入　3, 48, 127
　イミノ基の——　49
　カルベンの——　49
　カルボニルの——　49
　ケテンの——　127
　ニトレンの——　49
　パラジウムの——　49
　ベンゾキノンの——　49
素反応　120
　——の順序　139
　——の表示　137

た

大カッコ　9
多移動　41
第二級ハロゲン化合物のカップリング　45
多価
　——脱離　33
　——の置換　14
　——付加　25
多価基の表　8

索 引

多重結合の生成　31
　　カルボニル　31
　　チオカルボニル　31
　　ヘテロ原子を含む――　31
　　アセチレンの――　31
　　オレフィンの――　29
多重度　14
脱水　32
脱水素　31
脱炭酸
　　β-ケト酸の――　145
脱着　3, 36, 38, 108
　　――をともなうカップリング　44
　　アセタト――　39
　　エタノアト――　39
　　ジメチルエーテル――　39
　　水素――　39
　　臭素（1+）イオン――　39
　　二窒素――　39
　　ヒドロン――　39
　　ヒドロキシド――　39
脱ハロゲン化　33
脱離　3, 29, 98, 108, 112
　　Hofmann 型――　30
　　アセチレン結合を生成する――　29
　　1 価基の――　29
　　1 原子が 2 個の置換に関係する――　63
　　オレフィン結合を生成する――　29
　　カルベンが生成する――　32
　　共役二重結合が生成する――　32
　　集積二重結合が生成する――　32
　　スルホン酸の――　30
　　多価――　33
　　2 個以上の原子で隔てられた位置からの――　33
　　ニトレンが生成する――　32
　　ハロゲンの――　29
　　ハロゲン化水素の――　31, 34
　　ビスジアゾ化合物からの窒素の――　35
　　複雑な二――　35
　　水の――　32
脱離機構　89
段階的変化　80
炭化水素のハロゲン化　140
単純移動　39

単純転位　3
炭素
　　反応位置の――　5
タングステン化合物のカップリング　45

ち

チイランの生成　67
チオカルボニル
　　――のカップリング　45
　　――の生成　30
　　――への付加　23
チオール
　　――の酸化　70
　　――からスルホン酸ハロゲン化物の生成　70
窒素の放出　51
置換　3, 11, 63, 108, 109
　　――の機構　84
　　――をともなう移動　42
　　1 価基の――　11
　　ジアゾニウム塩の――　12
　　集合型――　16
　　水素の――　12
　　多価の――　14
　　ハロゲン化合物の――　12
置換反応　150
中カッコ　107, 140
中心原子　80

つ・て

綴字　11
　　――-de-　11, 17
テトラキス　14
テトラヒドロインドールの生成　67
デューテリオ　11
転位　39, 108
　　――機構　100
電子　147
　　――の脱離　29
　　――の表示　129
電子移動　91, 128
　　――の約束　88
　　――方向　81

167

　　　　──遷移金属の関係する　151
電子環状
　　　　──の開環　134
　　　　──の閉環　132

と

特殊塩基触媒　108, 113
特殊酸触媒　108
トリクロロアルミニウム付着　37
トリス　14, 15, 29, 36
トリチアンの生成　67
トリチオ　11

に

二酸化硫黄の放出　51, 128
二酸素　45
二重結合へのヒドロン付加　125
二挿入　48, 49
二脱離　34
二置換　14
二窒素脱着　39
二窒素と硫黄の放出　51
ニトリルへの付加　22, 25
ニトレン
　　　　──が生成する脱離　32
　　　　──の挿入　49
　　　　──への付加　23
ニトロ化　12
ニトロソ
　　　　──化　13
　　　　──への付加　23
ニトロソベンゼンの2量化　138
ニトロベンゼンのカップリング　45
ニトロメタンの付加　21
二付加　26
二放出　50
2量化
　　　　ニトロソベンゼンの──　138
　　　　フェノキシラジカルの──　139
　　　　メチレンの──　138
　　　　メチルラジカルの──　142

は

配位子交換　110
配座変換　137
π 結合の開裂　124
π 結合の生成　124
π 結合の切断　124
π 結合のラジカル開裂　126
ハイフン　9
パラジウムの挿入　49
ハロオキシムの生成　66
ハロゲン
　　　　──化スルホニルの付加　20
　　　　──の脱離　29
　　　　──付加　19
　　　　炭化水素の──化　140
ハロゲン化水素
　　　　──の脱離　31, 34
　　　　──の付加　19, 27, 28
ハロゲン化合物
　　　　──のアミノ置換　13
　　　　──の置換　12
ハロホルム反応　68
反応　2
反応点　10
反応位置
　　　　──の元素　5
　　　　──の炭素　5
反応機構　5, 78, 121
　　　　──の情報　14
反応種の表示　146

ひ

非協奏的脱離　100
非協奏的置換　95
非局在化系　147
ビス　14, 15, 26, 35, 49
　　　　──移動　41
ビス酸素　45
ヒダントイン合成　67
ヒドラゾンのカップリング　44
ヒドロ　11
ヒドロキシド脱着　39

索 引

ヒドロキシド付着　37
ヒドロン　83, 147
　　——移動　84, 106, 131
　　——脱着　39
　　——付着　37
ヒドロン付加
　　オレフィンへの——　148
　　二重結合への——　125, 148
ヒドロン挿入
　　シグマ結合への——　126
ピナコール転位　145
ピリジン合成　66, 69
α-ピリドンの生成　67
表
　　Ingold 命名法との関係　86, 153
　　Ingold 命名法と反応機構命名法との関係
　　　　　　　　　　　　　　　　105
　　荷電種の——　8
　　記号——　115, 151
　　ケイ素を含む基の——　8
　　酸化状態の——　7
　　線形表示の記号と略号　151
　　人名反応の——　72
　　多価基の——　8
　　反応機構の記号表示と反応機構の線形表示との関係　153
　　反応分類の——　115
　　分子種の——　7
　　変換の——　66
　　用語の解説　116
　　略号　151
　　リンを含む基の——　8
表示
　　基本変化の——　121
　　構造の——　142
　　最小構造の——　146
　　素反応の——　137
　　反応種の——　146
　　立体化学の——　30

ふ

フェノキシラジカルの 2 量化　139
付加　3, 18, 54, 108, 111
　　——環化　89

1/4/——　5, 24
1, 3-——　25
　　アセチレンへの——　18, 25
　　アセトンの——　21
　　亜硫酸イオンの——　21
　　イソニトリルへの——　26
　　1 価基の——　18
　　オレフィンへの——　18
　　カルベンへの——　23
　　カルボジイミドへの——　27
　　カルボニルへの——　22, 125, 149
　　共役ケトンへの——　25
　　三重結合への——　25
　　シアン化水素の——　21
　　四臭化炭素の——　21
　　水素の——　27, 28
　　接尾辞——　18
　　多価——　25
　　チオカルボニルへの——　23
　　ニトリルへの——　22, 25
　　ニトレンへの——　23
　　ニトロソへの——　23
　　ニトロメタンの——　21
　　ハロゲン——　19
　　ハロゲン化水素の——　19, 27, 28
　　ハロゲン化スルホニルの——　20
　　ヘテロ原子の多重結合への——　21
　　ベンザインへの——　20
　　ボランの——　128
　　水の——　22
　　有機金属化合物の——　22
付加位置の省略　26
付加環化　58, 89
　　Diels-Alder 反応　59
　　〔1+4〕付加　60
　　〔2+4〕付加　59
　　〔2+6〕付加　60
　　エポキシ化　60
　　酸素とオレフィンの——　58
　　ブロモニウムイオンの生成　60
付加機構　89, 97
付加子　18
付加反応の最小構造　143
不均化　124
付着　3, 36, 53, 108

169

イオン——36
　　　イソシアナト——37
　　　オキシド——37
　　　酸素——37
　　　ジメチルスルフィド——37
　　　臭化物——37
　　　臭素——37
　　　トリクロロアルミニウム——37
　　　ヒドロキシド——37
　　　ヒドロン——37
　　　メチレン——37
　　　ラジカル——38
プロチオ　11
ブロモニウムイオンの生成　127
ブロモベンゼンのカップリング　44
分子間環化　58
分子種の表　7
分子種の名称　6
分子内の環化　53
分子内脱着　56
分子内付加　54
分子内付着　53, 54

へ

閉環　3, 52
　　　多価置換による1原子上の——　60
　　　2個の独立の場所での結合による——　61
　　　電子環状——　132
　　　分子間環化による——　58
　　　分子内脱着による——　56
　　　分子内付加による——　54
　　　分子内挿入による——　54
　　　分子内置換による——　54
　　　付加環化による——　58
ヘキサメチレンテトラミンの生成　68
ヘテロ原子の多重結合への付加　21
ヘテロ原子を含む多重結合の生成　30
ペリ環状反応　98, 131
ペリ原子　81
ペル　28
変換　2
変換位置　5
ベンザインへの付加　20
ベンジジン転位　66

ベンジル酸転位　72
ベンゼン臭素錯体　131
ベンゾイン縮合　67
ベンゾキノンの挿入　49

ほ

放出　3, 50, 127
　　　硫黄原子の——　51
　　　カルボニルの——　51
　　　窒素の——　51
　　　二酸化硫黄の——　51, 128
　　　二窒素と硫黄の——　51
補助規則　89
　　　構造変化を示すための記述の——　108
　　　酸塩基触媒を表す——　108
ホスフィンの酸化　139
ホモリシス　86
ボランの付加　128

み

水
　　　——の脱離　32
　　　——の付加　22

め

名称
　　　——の逆転　10
　　　イオンの——　6
　　　分子種の——　6
　　　基の——　6
命名の一般則　9
メタセシス　71
メチル移動　40
メチルラジカルの2量化　142
メチレン
　　　——の2量化　138
　　　——付着　37

や・ゆ

矢印　39
有機金属化合物の付加　22

優先性　9

よ

陽イオン　7
ヨウ素化
　　エノラートの——　148
溶媒介入イオン対　91
溶媒隔離の ss　90
溶媒和電子　129

ら

ラクトン化　53
ラジカル　7
　　——アニオン　87
　　——解離　123
　　——機構　103
　　——置換　103
　　——の分解　126
　　——付加　125
　　——付着　37
　　——連鎖機構　104
　　——連鎖機構の成長段階　104
ラジカル開裂
　　π 結合の——　126

り・れ

離脱基　11
律速段階　106, 140
立体化学
　　——の情報　5, 19
　　——の表示　14, 30
連鎖反応　107, 140, 150

大木　道則（おおき　みちのり）

1928 年　兵庫県に生まれる
1962 年　東京大学教授
1988 年　同定年退官
1988 年　岡山理科大学教授
1999 年　同大学客員教授

内田　章（うちだ　あきら）

1933 年　大阪府に生まれる
1973 年　大阪大学講師
1982 年　新居浜高等工業専門学校教授
1993 年　逝去

［縮刷版］有機化学変換の IUPAC 命名法
―その名称および記号・線形表示―

1999 年 6 月 30 日　初版第 1 刷発行　　　［検印廃止］
2004 年 10 月 29 日　縮刷版第 1 刷発行

　　　　訳　者　大木　道則
　　　　　　　　内田　章
　　　　発行所　大阪大学出版会
　　　　代表者　松岡　博
　　　　　〒 565-0871　吹田市山田丘 1-1
　　　　　大阪大学事務局内
　　　　　電話・FAX：06-6877-1614
　　　　　URL:http://www.osaka-up.or.jp
　　　　印刷・製本　株式会社太洋社

Ⓒ Ōki Michinori & Uchida Kimiko　2004　　Printed in Japan
ISBN4-87259-183-6